Nature Soap

U0278243

搞怪工程师教你做美美天然好皂

搞怪工程师教你做美美天然好皂

跟着乔叔
做渲染皂

搞怪工程师教你做美美天然好皂

缓慢的生活里，看见，最真实的自己 /再见咖啡

认识乔叔，已有一年的时间。当初看着在高科技产业工作的他，实在很难想象，一块块浪漫又纯朴的手工皂，竟是出自他手。

在帮忙这本书的拍摄工作之余，仔细端详手中肥皂里的渲染线条时，我才惊觉，自己已经很久很久，没有触碰过这原始传统的肥皂了。

说真的，在这讲求效率的年代，手工皂，似乎早已完全被替代。这些年不知不觉中，文明带来了许多便利的产品，却也让人少了纯粹而真实的靠近。也在不知不觉中，习惯了将生活里的步调加快，但许多的改变，却也将生活消磨得乏味。也让人变得没耐心，更无法去等待或是倾听。

看着手中的肥皂，我轻轻地将它沾湿，缓缓地在手里搓出泡沫。熟悉的感觉，飘逸的香气，像是音符般，穿透过身体的每一寸肌肤。安静地带着我回到，一幕幕简单真实的过往。我仿佛看见了儿时的自己，拿着肥皂洗去制服的污渍。还有，那段拿着肥皂从头洗到脚的当兵生涯。也记起了分手时，那个在莲蓬头下用肥皂搓着身子而痛哭的自己。

不管快乐也好，悲伤也好，过去的时光里，我们都留下了许许多多的故事。那些如肥皂泡沫般，短暂而美好的片段，原来不曾离开过。一直在这忙碌、盲目、茫然的世界里，等待我们缓慢地生活，缓慢地呼吸，缓慢地用心感受、倾听，缓慢地看见，最真实的自己。

竹科工程师
《维尼别哭》作者

如此"工程"的外表底下
到底是个怎样的灵魂？ / 何家玮

认识乔叔，是在 2007 年的敦南诚品。

那天是我第一次参加创意市集，乔叔刚好摆在我隔壁，会跟他熟识、吸引我的不是手工皂，而是他那一身相较于创意市集的创意人很不一样的装扮。素色长袖衬衫（大热天耶！）、高腰牛仔裤、运动鞋、衬衫还很标准的塞进牛仔裤里，手机用名牌夹挂着放在上衣口袋，整个一标准工程师的打扮，与其他摊友完全地格格不入，我心里想着，"这家伙是怎样？刚刚从园区下班吗？"

没错，乔叔是个工程师，跟我几年前的身份一样，而且他的穿着相当符合一般人对于"工程师穿着"的刻板印象，他自己对于这样的穿着倒是自得其乐，常开玩笑地说："在创意市集我最好认啦！一眼望去有一个人穿的跟别人都不一样，那就是我啦！" 嗯，有这样的自知之明就好。话说回来，干嘛不穿的自在一点？有必要连最上面一颗钮扣都扣上吗？

总而言之，一眼看到这家伙，根本看不出会是个做手工皂的人，而且做出来的皂还充满艺术性。在他如此"工程"的外表底下，到底是个怎样的灵魂？可以把看来朴实的手工皂赋予如此优雅、如此畅快淋漓的线条！

乔叔总是很谦虚地说，"渲染只是因为懒得做造型，才会随便喇喇"，他的"随便喇喇"总是喇得很随心所欲，绝非随便，就好像画家在画纸上挥洒的线条一样自在且具美感，就是个把皂液当画布的工程师。我后来参加的市集活动里，再也没见过渲染得这么有艺术感的皂了。

　　一只手玩系统，一只手做皂。这就是乔叔。（为什么要叫乔叔？你一点都不老啊！）

前竹科工程师

Bonjour！Bonheur 你好，幸福 手工天然果酱　　何家玮

生活就该享受在每天都会相处的小东西里！ / 张凡旋

过去香皂是用来洗净脏污用的，但现在它洗净的还包括我们的疲倦、沮丧或忧郁！更重要的是还可以带来幸福、快乐与满足！

第一次接触手工皂是在环保园游会里头，跟着现场的小朋友、大朋友还有老朋友们一起玩皂，当时就已经能体会手作的成就感。乔叔的手工皂就像暗房冲洗底片一样，总会有惊喜出现！当然，自己做出来的手作品，有时也可能会感觉不尽如意，但重点是"你依然还是乐在其中"，这就是手作的乐趣能在各种媒材上渐渐流行的原因，因为需要更多的小乐趣与成就感来填补现实生活里的挫折，日子才会更开心！

如同乔叔说的"管他顺时钟、逆时钟，管他别人用什么原料、气味或颜色，自己喜欢或高兴最重要！"插画、涂鸦也一样，只要尽情地把你想表达的画出来就好！又好比料理食物一样，煎、煮、炒、炸、蒸、煨……都可以！都是在不同的事物上，发现创作的梦想和热情。

很高兴有机会因为乔叔的这本书，接触了更多关于手工皂的故事，在手工皂的世界里，不论什么气味、原料、造型或用途，每天总可以充满温暖、快乐的好味道！生活就该享受在每天都会相处的小东西里！不论是备料手作还是洗净浸泡，都可体验出一种更贴近自己生活的情感连结！

广告常说的"在地的！？"、"天然的！？"，但，这些似乎都远不及"这是我做的！这是我的味道！这是我的颜色！"来的更让人开心与珍惜，一起让手作的乐趣与创作的成就感，丰富你的生活！跟着乔叔一起动手试试看吧！

贰拾陆巷创意工作室　*Francis 张凡旋*

自·序

我只是个两个孩子的老爸 / 乔叔

笔者没有显赫的背景，没有高深的学历，没有丰富或坎坷的经历，只是两个孩子的老爸，一个为了生活每天准时到公司报到的小小工程师，行事低调，不爱曝光，因为相信人怕出名猪怕肥这句话是对的，而好巧不巧的是我刚好两者都怕。

做手工皂，最开始只是为了自己和家人，后来发现手工皂的好之后，才一头栽进去地越陷越深，也越玩越起劲，只是从来没想到后来还可以带着它去跑创意市集、教学、媒体刊载报导甚至于写书。所以我常说："做皂是做兴趣、搞怪又搞创意、出来是交朋友、教学象做公益。"而写书呢，说实在的是不愿意！这对我而言可真是一种折磨与挑战，尤其对我这种平常不太爱看书，翻开书就想打瞌睡，闻到书的味道就头晕，去逛书局就会肚子痛的人来说更是。

然而，答应人家的事就要做到，遂把做皂这件简单又快乐的事给集结成册。它有别于一般的教学书籍，会明确的规定这要怎样做，那要怎样做，但本书所述却总是一副这样也可以，那样也ＯＫ的欠揍样，好象一切都不是什么大问题，就像我常说的，"**做皂如果那么难，我早就不做了。**"是的，真的希望做皂人不忘初衷，乐在手做，且技法不要被工具绑住、想法不要被技法限制住，要勇于尝试、多多练习、发挥创意、多点美丽。但最重要的是，要多爱自己以及爱身边的人、事、物，出版本书的目的，如此而已。

因为没有精彩的文笔，需要利用每天夜深人静时，一点一滴慢慢累积。因为记性不好，得利用在车上等待家里两个女生去逛菜市场的同时，一手抱着儿子还得一手随手抓支笔，把突然出现在脑中的想法给记下来。因为技术不纯熟又要求这、要求那的，常做了三四锅皂才勉强挑出一款，因此，本书才会花了蛮长的一段时间完成。

说到本书能完成，一定要把感谢的话说在前头，首先感谢带我进入手工皂世界的罗吉老师和马惠祯老师，感谢有人不时和我想点子、提供花草粉末、借场地、催促稿件还有保守秘密。其中有新竹的小宇和Annie、台南的娟、台中的译、桃园Karen和台北的芳以及社大同学们和出版社，还有辛苦帮忙拍照的维尼达人——再见咖啡。

当然，最要感谢的是家里的老板娘，感谢她每天晚上都自愿地去陪孩子睡，夜深的时候我可以写书。所以，在你翻开下一页之前，先给这些人拍拍手，谢谢。

Geo

老板娘正要临盆，乔叔不舍地紧握老板娘的手，真是鹣鲽情深哪！

小翰出生不到一个月的小手在小姊姊的手上，更显得稚嫩！

小谦和小翰真是姐弟情深！

母子情深！

乔叔拍照的姿势

乔叔的渲染皂，美到舍不得用！

目录 Content

懒得做"皂"型，那就做渲染皂吧！

谁说做皂很难？

乔叔说，"做皂如果那么难，我早就不做了！"

会做渲染皂，就是因为他实在懒得做造型，所以才会把手工皂当画布，用线条与晕染，让手工皂也能兼具美貌与内涵。

利用简单的工具、素材及方法，再加些创意，就能制作出好用又好看的天然手工皂！

懒人做皂，也可以做得美美的哦！

环保又乐活，爱自己，也爱地球。

跟着乔叔，一起做渲染皂吧！

常常喜乐

常常洗乐，常洗手工皂会快乐。

（备长炭 + 罗勒 = 长长洗勒）

心存谦卑

还有感谢，做皂做人道理不违背。

若即若离

亲爱的你，不要对我爱理不理。

（酪梨油 = 若离）

真心诚意

满满心意，真材实料还要美丽。

生命之光

不在云端，存于个人，由内而发。

（维他命 E + 珠光粉）

凡事感恩

时时赞美，因为有你，世界更美。

(40% 橄榄油)

怜香惜玉

喜新恋旧

红粉知己

浪漫淑女，婚礼现场感谢有你。

（红色色粉）

做手工皂
是这么开始的！

适用本书的人

★喜欢动手DIY的人

★善待自己及家人又崇尚天然的乐活族

★勤俭持家的良家妇女或热血青年

★喜欢什么东西都要美美的完美主义者

★偏好简单不爱复杂，就像我一样懒的朋友们

因此，在这里将看不到太多篇幅在讨论——

化学原理理论以及化学式

宣称疗效及强调油脂、添加物和精油的功效

不断变化的配方、油脂组合以及耗工费时的做法

鼓励败家的情报介绍

只将焦点放在——

如何利用简单的工具及方法

制作出好用又好看的手工皂

手工皂这回事

皂风兴盛

近年来，或许是环境污染日益严重及养生保健风气兴盛，处处可见打着强调天然、健康、有机、环保等字眼的商品或口号充斥在市面上，而手工皂也在这一波浪潮推送下，慢慢被人们所重视及接受，市面上已可见到国内外知名品牌的手工皂及相关产品。既然市面上都买得到，何必自己动手做呢？我想，亲手作手工皂，就是多了一份可以调配自己专属的配方、享受手做感以及发挥创意的乐趣吧。

如何看待手工皂

看过各式各样琳琅满目的手工皂之后，常常在想该如何来看待手工皂？是将它当作医疗用品？想像洗了它能治百病呢？还是把它当作保养品？洗了之后就可以丢了那些瓶瓶罐罐？或是把它当成工艺品？仅追求外在美观花俏？或当成商品？极力迎合消费者需求及成本的降低呢？这个问题，或许得回到做皂之初来寻找答案。

首先得问问自己，为了什么原因、理由开始决定动手做皂的？是好玩吗？还是新奇？亦或是跟着流行？是本身皮肤敏感？或者是为了那个占手工皂制作者过半数的理由——孩子？当然，我也是那过半数中的其中之一啦，所以把我的理念与坚持——"对自己和家人好一点，手作天然的好皂给我亲爱的宝贝 (for my Dear baby)"，直接写在博客上最显眼的地方，以提醒自己要一直坚持做好皂来给家人使用，特别是我的孩子。

所谓的"好皂"，指的是好用又好看的皂。当然皂是好用为首要，好看为次要，只是贪心的我，两者都要。因此，为了给宝贝好用的皂，注重材料的品质更胜于它的费用，原料也尽可能选用天然素材，但不宣扬它的神奇功效，也不标榜添加物的疗效，就像常有人问说，有青春痘的皮肤，洗手工皂有没有效？而我的回答是：如果痘痘发生原因是皮肤表面清洁问题造成的，洗手工皂是有效果的，但如果是内分泌、熬夜或情绪引起的痘痘，那就算把整颗皂吞了也没有效！所以，我把手工皂看成是最天然、最安全的清洁用品（当然先决条件是手工皂制作者要有只加天然物质的认知才行），而皮肤则是因为皂的天然条件，少了化学物质的直接接触，皮肤渐渐恢复健康而已。

所以，基于前述的标准，在有限的条件里，再尽力的把手工皂做得美美的，让人看了能赏心悦目，使用的时候能心情愉快，这样不也是两全其美吗？

因为懒，简单就好

为了满足自己对美的事物与喜好（美的事物包括美丽、美满、美景、美女、美金、美食……）以及要求手工皂一定要好用（好用：好原料、好握拿、好洗且洗完好舒服）为原则，以符合"好皂"的定义。其实我也是怕麻烦，但血液里却流着爱简单的个性，所以仅在四方皂型内玩玩花样，而其他外型让人赞叹不已且做工精巧的皂型，实在不是我这懒人涉足的领域，所以，大家在观赏我的手工皂时，请不吝给点掌声，这样我会觉得很安慰，先谢谢大家！

做皂是快乐的事

是的，做皂是一件快乐的事。所以，不必花太多心思在一些复杂的事上，但如果你认为那件事不复杂就无妨；更不必局限于种种规定，比如搅拌是要顺时针还是逆时针？高兴就好。

就像有些人觉得一定要用等级高的油比较好，因为洗感有差别，有人则认为不需要或没感觉；也有人喜欢配方多变化，尝试各种新奇的材料，也有特爱花草粉末的；有人爱用最好的工具和器材；有人喜欢分层、也有人钟爱渲染、有的欣赏朴素的美感……

所以，我觉得手工皂要用哪一种配方？选用哪一种油？哪种等级？什么工具？什么效果？只要你喜欢，没有绝对地好或不好。

就好比有人喜欢法式料理，也有人钟意夜市小吃一样，并没有绝对，也无关优劣对错。

所以，只要你觉得是好的，对自己或用皂者有益处的，就去做、去试、去观察、去研究。

总之，在本书中，不管是配方油品、精油特脂、花草粉末、工具选用及其他添加物，亦或是做法、看法、想法，都是我个人的经验、观念及喜好，并非绝对，也不是标准规定，终其目的，就只是想轻轻松松做出一块好的皂，讲这么多的目的就是要告诉你，在本书中，您将看不到配方的功能性、油品的详细分析、精油味道的搭配、添加物的功效大揭密、各种肤质的洗感分析比较，只看得到如何使用最简单的工具和做法，运用小小的巧思和创意，把手工皂做得美一点，就是这样而已。

认识手工皂

制作方法

手工皂的制作方法，最常见的可分为以下两种：

1. 融化再制法 (Melt & Pour)

利用现成的皂基，加热融化后再次制作成自己喜欢的皂，完成后的成品称为"融化再制皂"或英文缩写的"MP 皂"。此种皂的变化很多，运用丰富的色彩、添加物的巧思运用，另有香味的陪衬，常能营造出令人惊艳的效果，而且它的制作过程较简单，成皂快速，很受小朋友的喜爱。

2. 冷制法 (Cold Process)

所谓冷制法手工皂，是指以油脂混和氢氧化钠及水所制成的皂，完成后的成品称为"冷制皂"或英文缩写的"CP 皂"。在制作过程中尽量维持低温皂化，避免因为高温而流失部分养分，此乃欧洲古代的传统制作方式，也是手工皂制作方法中最顶级的做法，从制作到可以使用需一至二个月的时间。制作时间较长是它的缺点，不过，花这么长的时间其实主要是在阴干手工皂，如此费力的制作方式是为了保有皂本身的奶脂及甘油成分，所以必须经过长时间的阴干。

本书中所有手工皂的制作方法，均以"冷制法"制成，故其他制皂方式不在本书中赘述。

如何成皂

首先得先了解，皂是如何形成的？以最简单易懂的方式说明如下：

油 十 碱 十 水 ＝ 皂 十 甘油

由此可一语道尽皂的形成与步骤，简单说，就是将等号左边的三样东西加在一起，即可成皂。

手工皂的常用名词

何谓皂化价

要知道多少的油、碱、水量方能成皂？那么就得先了解这个名词——皂化价。皂化价代表的是 1 克的油需使用多少克的碱，才能和油完全反应而成为皂的碱量，举例来说，橄榄油的皂化价为 0.134，意思就是说 1 克的橄榄油需使用 0.134 的碱才能互相反应而成皂，那么 100g 的橄榄油就需用 100×0.134=13.4g 的碱。不同的油，皂化价也不相同，其值也仅是平均值，因为即使相同的油，来自不同的品种、产地，其皂化价也不尽相同而略有差异。不过，不用太在意这些微小的差异，取用表列的值来用即可。

何谓 INS

INS 代表着硬度，油脂的 INS 值越高，成皂后就越硬，以椰子油的 INS=258 看来，如果制作纯椰子油皂的话，成皂硬度就是 258，但一般我们不常使用单一油品来做皂，那么 INS 值如何计算呢？以前述之相同配方举例来说，椰子油 600g、棕榈油 400g 来做皂，总油量 1000g，那么先单独算出油品的 INS 值：

椰子油 (600/1000)×258=154.8

棕榈油 (400/1000)×145=58

将两者加起来 154.8+58=212.8，此为该配方成皂后的硬度

一般来说，INS 低于 120 的皂就偏软，高于 170 以上就偏硬，软硬当然是随个人喜好调整，过软和过硬也都各有用途就是了。

减碱 / 超脂 (Superfatting)

所谓减碱，就是将配方中各种油品换算出之碱量加总后，减去部分碱量，亦即配方里各种油品当中会有少部分的油没有和碱做皂化反应，借此保留部分油品的特性。

而超脂则是在配方里各种油品与换算出之碱量充分反应后，再加入的特殊油脂，因此也有人称之为特脂，如此来保留超脂的油的特性，通常是在将近 Light Trace 时加入。

两者最大差异在于要留下何种油的特性，超脂可选，减碱不行，而超脂可以选择和配方油完全不同的油，但减碱就只有配方油可选。

一般特脂的比例，建议以油量的 5% 为上限，以 1000g 的油来算，特脂总合以 50g 为限。（若是使用减碱的方式，则无需再加特脂）

添加物

泛指除配方油品及超脂外，能让手工皂更有味道、显色、硬化、防腐……及其他功能者，皆可称之为添加物。常见的有各式花草根茎果、矿泥木炭、萃取物……

关于味道，可以选择浓妆艳抹般的气味，也可选择清新脱俗的；可以使用香味比较留得住的香精，也可以使用比较天然的精油，这就看个人喜好而定，是很主观的。

至于量的部分，我个人的习惯，是使用精油／配方油量总量的 2% 为上限（也就是精油 20ml／总油量 1000g），精油在量秤好之后就可以和超脂先混合，并将量杯直接倒扣在特脂的容器上，让剩余在量杯内的精油慢慢滴下，可以倒得比较干净而不浪费（使用精油前请先查阅相关专业书籍，并遵循安全使用量及建议事项）。

关于颜色，有固体类和液体类之分，固体类举凡各式天然素材磨成粉状者，如备长碳粉（黑）、珍珠粉（白）、红麹粉（橘）、艾草粉（褐）及各式石泥和花草粉末等；液体类则是如浸泡油，如紫草浸泡油（紫）或是植物的花叶根茎果煮水及皂用颜料。

Trace

油碱混合后再持续搅拌,会慢慢进入 Trace 状态,其实就是看皂液的浓稠变化,一般来说可以分成三阶段:

阶段	皂液浓稠度	像什么呢?	入模时间点	适用效果
Light Trace	微微变浓 	勾芡 玉米浓汤	需较多时间做变化的效果得在此时就准备	渲染
Trace	表面经搅拌会留下痕迹,刮起些许皂液滴下,仅浮在表面而非沉入 	玉米浓汤 沙拉	入模的标准时间点	分层 造型 调色 花草 渲染
Over Trace	搅拌困难到没有流动的感觉 	沙拉 薯泥	此时入模的皂容易有缺孔及表面不平整的情形	分层 调色 挤花

熟成期

等待皂的碱度下降的过程，称为熟成期。一般从制皂日起算约取四到六周的时间，有时甚至可以到八周，不过其实是要看配方而定，也可以直接让皂遇水，搓揉出泡，再以试纸测试，若PH值落在8左右即可使用。这个时期是初做皂者的耐心大考验，总是每天想着何时可以用皂？等不及的就先拿去下水以身试皂，不过我还是习惯让皂多放一点时间再用，除了皂碱考量外，另一考量就是让皂中的水分再蒸发干一点，会更好用。

油斑 / 酸败

油斑或称黄斑，当皂表面出现圆形黄点，有持续扩大且颜色变深的趋势，即称为油斑。小部分的油斑可以挖掉，或赶快把皂拿去用掉，若视而不见，不理会它，最后连油臭味都出现时，则称为酸败，到时就只能拿去喂垃圾桶。

产生油斑的原因，取决于制皂前的选油、制皂中的搅拌和成皂的保存。其中，选油为第一要素，占最大的影响因素，而保存的因素大于搅拌。所以，对于油品，不要一昧的只看到某款油被形容得多好多好，就拼命地加下去，切记！凡事都是适可而止就好。

一块皂的保存期限，端看油斑何时出现而定。

开始做皂前的准备

工具准备

虽然古人有说过"工欲善其事，必先利其器"这句名言，也的确好的工具可以帮助节省不少时间和步骤，但如果工具不怎么便宜时，就把它当作固定资产或设备投资好了，否则心中那勤俭持家的小天使就会出来和败家的小恶魔天人交战一番。不过，对我来说，最后通常是小天使险胜，只要再动动脑，简单的工具一样可以发挥不错的效果，而且节省下来的钱，还可以拿来买好一点的油和材料来做皂。

虽然是这么说，但基本的工具还是得准备齐全。那就来看看需要哪些工具：

锅子

这是第一个要具备的工具，锅子的选择以不锈钢材质的最好，至于大小端看每个人做皂的量而定，喜欢大锅的人就买大一点的，但锅大量大就会比较重不好拿；喜欢小而美的就用小一点的，不管如何都请记得选开口比较大，且锅底边缘尽量不要是直角的锅会比较好，好在哪里呢？就是好倒、好搅、好清洗。

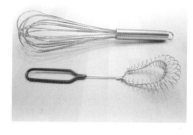

搅拌器

这也是做皂极重要的工具，因为皂不是用魔法棒一挥就变出来的，所以过程中需要持续地搅拌，从混合油脂开始到入模前都要，没了它就没办法做皂了。

搅拌器一般都是使用打蛋器，一直以来被我称之为"右手牌"搅拌器，就是用右手拿着打蛋器徒手打。另外还有电动搅拌器，如果你有

需求可以去买来用，不过我总觉得做皂就是要徒手打皂才有 DIY 的快感，做好的皂也才有成就感，所以我一直坚持用"右手牌"来打，这样的坚持，大概是源自于在家打小孩也一样坚持手打的原因吧。

如果临时找不到打蛋器怎么办呢？金属制的长汤匙或筷子，也是不错的替代品。

秤

量秤工具是做皂过程中不可或缺的工具之一，得用它来量秤油、水、碱及其他添加物的重量，才不会做出失败的皂。为精确量秤材料分量，可以选择电子式的秤，精准度到 1g 的即可，若是到 0.5g 或 0.1g 也可以，只要价格你可以接受就没问题。如果选择像我的这种电子秤，一次用两颗电池的，那请记得准备备用电池两颗，不要像有次半夜十一二点油碱量到一半时没电，跑了好几家便利商店还买不到，那型号的电池不是没卖就是只剩一颗，这又不能跟电子秤商量说一颗先将就着用，真不知是该哭还是该笑？

温度计

一般来说，制作冷制皂是不会把油的温度加热到太高，顶多溶碱过程中温度会稍高，所以 100 度的温度计就已足够。

记得准备两支，一支量碱液温度，一支量油的温度。如果你选用玻璃材质的温度计，那么请再准备一支备用，万一温度计壮烈牺牲时，可以随时补上。

大小量杯

大量杯是用来装油或水，所以我是准备两个，一个量油、一个量水，大小约 500 ~ 1000ml 的都够用，开口有附尖嘴，且以手掌伸得进去或手指头够得到底的为准，这样的规格是为了方便倒入及清洗。小量杯是用来装量精油，一至两个即可，开口一样要有附尖嘴较好，大小约 50 ~ 100ml 的就够了。

大小烧杯或钢杯

大烧杯是用来量氢氧化钠用的，钢杯也可以，大小约 500ml 即可，大一点也无妨。

小烧杯用来量超脂用的，如果小量杯有多余的，就不一定要多准备一个小烧杯。

刮刀

大小刮刀各准备一支，大的可以将残留在锅底的皂液快速刮干净，小的则可以将残余在量杯里的油刮干净，这样才不会浪费。

不过洗工具时就得洗两支刮刀，看来大刮刀的使用率低，好像不是那么的必要，顶多用小刮刀多刮几次，手脚快一点也是可以的。

小刮刀还有另一项重大的任务，那就是做渲染用，所以做渲染之前得先和小刮刀培养感情，可以抱着它睡觉、可以带它出门去和姐妹喝咖啡聊是非，但别拿它来搅拌咖啡就好。

皂模

至于模具的选择，可以使用好脱模但价格较高的硅胶模，或透明的可透视皂液入模后情形的压克力模，也可以用不好脱模但便宜的塑胶模，或者用脱不出来就可以撕开不用花钱的牛奶盒……但记得别用金属容器。

一开始，我常使用十元商店就买得到的塑胶盒模，一来开口较大，便于做各种效果，二来便宜，破了、坏了也不会心疼。

列举四种常用的模，分析比较如下表：

模	费用	脱模难易度	缺点	优点
牛奶盒	免	易，大不了牺牲模	量小保温不易	免费
塑胶盒	低	难，加胶片可改善 不好脱模，模可牺牲	皂要修到方正时，损耗较多	便宜
硅胶模	高	易	未固定长边易有鲔鱼肚	保温佳、好脱模
压克力模	高	易，需加胶片	渗漏及需组装	透明、成皂方正

保温箱

市场中鱼贩用来装鱼的保丽龙箱，或装着进口苹果的保丽龙箱也可。只是装鱼的箱子有腥味，装苹果的箱子味道比较好，或者是其他只要你的皂模放得进去的保丽龙箱都可以，不管如何，选择密闭、有盖子的就对了。

瓦斯炉

加热用，使用电磁炉也可以。当然，瓦斯炉里要有瓦斯，电磁炉要有电才能用。

刀子

刀子主要用来切皂，所以不管大刀小刀，只要能切得了皂的都是好刀。不过切皂比杀鸡简单多了，所谓杀鸡焉用牛刀，因此咱们也不必用到金门来的炮弹钢刀，只要记得选择刀面较大的会比较好切。还有，就是让它成为切皂专属的刀，就别跟厨房里用的混在一起吧。

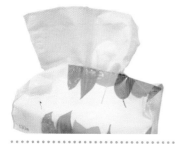

纸巾

做皂过程常常要擦拭残油污渍，或紧急状况发生时的抢救需要，纸巾、卫生纸预备着吧，说不定有人会边看电视边打皂，看到感人的情节还可以拿来擦眼泪。

记录表

试算碱水量、记录配方以及做皂过程中的资讯，如天气、室温、皂液温度、颜色变化、搅皂时间以及添加物等资讯。表上的资讯记录越详细，对于日后如需追查肇事原因时，会比较好厘清问题。

油品准备

冷制法手工皂的主要材料不同于 MP 皂的皂基，而是油脂，生活中看得到的油大多可以拿来做皂，但并不是所有想得到的油都可以拿来做皂，一般来说，动物性或植物性的油脂都可以。

在此仅简单介绍一些常用的油脂，因为油脂的详细介绍可以从油脂供应商那里取得，故不再详述，所以仅就其特性做简略的说明，并整理出下列这张表，以方便让你在设计配方时，可以很快有个依据，不需把所有的油品介绍全看过一遍，才决定用哪几种油品。如果你是和我一样，在还没看完油品介绍全文就已和周公下棋去的人，这表格就是为你准备的。

油脂名称	皂化价	INS	特　　　　性
橄榄油	0.134	109	保湿、温和、稳定
棕榈油	0.141	145	较硬、不易变形、气温低时呈固状
椰子油	0.19	258	起泡 No.1、不易变质、洗净力强、较刺激、气温低时呈固状
棕榈核油	0.156	227	特性同椰子油，但较椰子油温和一点
苦茶油	0.1362	108	保湿高、促进毛发光泽、含维生素 A·E
甜杏仁油	0.136	97	保湿、清爽、易氧化
榛果油	0.1356	94	含高量的棕榈油酸、维生素 A·B·E、保湿、软化皮肤、滋润、易氧化
酪梨油	0.133	99	保湿、温和、修复、镇定肌肤、柔嫩肌肤、容易吸收
米糠油	0.128	70	保湿、清爽、滋润、维生素 E 含量多、抗氧化、起泡佳
澳洲胡桃油	0.139	119	含高量的棕榈油酸、软化皮肤、延缓皮肤及细胞的老化

芥花油	0.1324	56	保湿、温和、清爽、泡沫细、易氧化
蓖麻油	0.1286	95	保湿、温和、皂软易变形、成皂颜色较透明、量多易黏模、起泡度高、修复，也常被制成洗发皂，让发丝柔顺
葵花油	0.134	63	保湿、清爽、温和、维生素E含量多、易氧化、起泡佳且细致
荷荷巴油	0.069	11	液体蜡、不易氧化变质、安定、皂化价低、温和、保湿滋润、抗氧化、价格较高
小麦胚芽油	0.131	58	清爽、维生素E含量多、抗氧化、很好的安定剂、超脂用居多
葡萄籽油	0.1265	66	滋润、清爽、易氧化
乳油木果脂	0.128	116	滋润与修护、保湿、柔化肌肤、防晒，常温下呈现固体形态
玫瑰果油	0.1378	16	含多种维生素、柔软肌肤、滋润、易氧化、超脂用居多
月见草油	0.1357	30	适合熟龄或柔软肌肤、易氧化、超脂用居多

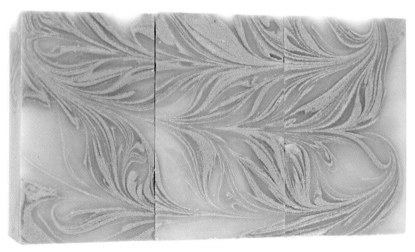

喜欢搞怪的我，把手工皂当成画布来作画，让手工皂也可以兼具美貌与内涵。

配方准备

配方设计

制作手工皂，首先得先拟定配方表，视需求决定各种油的量与比例，其中因着油品种类与比例的微调，可以制造出不同的洗沐感受。

一般来说，肥皂的最重要任务就是清洁，不管是你的身体肌肤或是锅碗瓢盆，顶多是清洁力的差别，想要清洁力强一点的就挑月桂酸和肉豆酸含量高的油来做，希望滋润温和一点的就用油酸或棕榈油酸含量高的油来做。

强力清洁的拿来洗锅碗，温和的拿来洗身体，若还要分洗发、洗脸、洗手、洗身体，那就看哪些油有特别对某部分有特别的好处，例如苦茶油和荷荷巴油，对头发有好处。

然而配方的诉求并非放诸四海皆准，同一配方所制作出来的皂并不是完全适合所有人的皮肤，毕竟每个人对于温和、清洁、刺激的感受，在不同季节、水质、水温下也不尽相同，再者相同的配方，使用不同等级或不同供应商的油，制作出来的皂也会有些许的差异，更何况如果是由不同人制作，那就有更多的差异因素在里面了。

讲到配方，以家事皂来说，就曾经试过多种配方比例（家事皂顾名思义就是拿来做家事洗洗刷刷，而不是拿来洗脸和身体的），虽然说 100% 椰子油所制作出来的皂，在清洁力上从表列数据看来是非常赞的，且硬度够硬（INS 258），但我却是从盛传超完美比例的——椰子油：棕榈油 = 7：3 开始做起。

而经过实际测试，洗完两块成品的结果，发现 7：3 比例的家事皂虽然清洁力不错，但终究皂还是得用手拿着来涂抹洗刷，让我感觉到有点咬手，也就是手会觉得有点刺刺的，但这纯属个人观感，不觉得咬手或做家事会戴手套的人还是可以使用这个比例，甚至是 100% 纯椰子油来做，因此缘故，再来就调整了一下配方，希望在洗的时候，也能对自己的手好一点。

第二次制作时，就使用接近6：4的比例，以椰子油60%、棕榈油35%、橄榄油5%，再加以乳油木果脂2%当超脂这样的配方来制作，这个配方对我来说就蛮合适的。

曾经家里油库短缺，将仅剩的椰子油和棕榈油全拿出来倒了，结果，这次比例既不是7：3，也不是6：4，而是27%：49.5%，怪吧，没办法，就只剩这点油，有多少做多少，其他23.5%的部分再以橄榄油和芥花油补足，而这芥花油是拿来浸泡咖啡粉的油。

不过，试洗结果发现这个配方的家事皂不太容易瞬间起泡，但持续搓揉，或使用菜瓜布去辅助则可改善这一问题，由于有点偏软，对用皂有点浪费的我就再改配方，改成以椰子油50%、棕榈油40%、橄榄油10%，洗感就蛮类似6：4比例的那个配方。

由此可知，皂的配方并非固定，而是要看制皂者想要何种感觉和效果及使用它的人的需求，可以在有限的条件下随时灵活调整并实地测试，以迎合个人的感受。我想，这是手工皂除了天然之外，另一个最吸引人的地方，就是可以依自己的喜好及需求，调配属于自己的皂方来宠爱自己。

所以，本书中各款皂的配方仅供参考，请依各人需求及喜好斟酌调整，但记得配方及操作过程得做记录，以利日后追踪、调整及改进之用。

乔叔碎碎念

本书中的配方尽量以比例%表示，是由于每个人做皂的需求与数量不同，以我个人来说，每次都以1500g到3000g的油量在做，若有人想参考书中配方操作，但一次只想做少少的油量，可以先换算出百分比，再用油量相乘换算。（为免初次尝试做皂者之辛苦，看我多贴心地为你着想）

至于特脂及精油皆按照习惯比例，即每1000g的油量，特脂50g(5%)、精油用20ml为上限添加，故仅载明种类就不特别注记分量。

配方的计算方法

本书仅以冷制法 (Cold Process) 的制作要领制作手工皂，然操作步骤并无一定的规定，依各人习惯而有所不同，只要注意安全即可，碍于篇幅有限且才疏学浅，无法将各门派的独门密技全部介绍，仅能就"冷制法"说明最一般的做皂方法，也就是最规距的方式，这对于准备开始动手做手工皂的人来说，按部就班循着本书步骤制作，便可以顺利做出属于自己的手工皂。

若要做一款皂，首先需决定要使用哪些油品，从油品皂化价表中查出各油品的皂化价，将各种油的量乘上各自的皂化价，再将所得的碱量加总起来，便是该款皂所需的碱量。

举例来说：假如以椰子油 600g(60%)、棕榈油 400g(40%) 来做皂，总油量就是 1000g，那么先单独算出油品所需的碱量：

椰子油 600g × 0.19=114g

棕榈油 400g × 0.141=56.4g

将两者加起来 114g+56.4g=170.4g 此为该配方成皂所需的碱量。

算出了碱量之后，因碱需先溶于水，所以我们还要算出水量。至于水量的计算最简单的算法就是：

碱量乘上 2.6 ——碱量 170.4g × 2.6=443.04g

实际操作量秤时，得到的结果皆取到整数，小数点后四舍五入即可。

乔叔碎碎念

水量的算法有很多种说法，在此我们以最简单的算法，就是碱量总和乘上 2.6，然而 2.6 并不是绝对，可以适时增减调整，都是OK 的，当然你要再多一点或少一点以测试临界值也行，在此得佩服你和我一样有勇于尝试的精神。

安全守则

在开始动手之前，请先阅读安全守则，并做适当的防护。

环境安全注意：

◎选择通风良好的场所，请记得，最好别紧闭门窗吹冷气。

◎基于清洁与安全考量，桌面可铺设报纸，但别边打皂边看报纸以免分心。

◎靠近有水龙头的地方，或准备一桶水在旁边。

◎隔绝孩童、宠物、电话和电铃。

自身安全注意

◎操作时可以戴手套以防碰触皂液或氢氧化钠。

◎围裙及护目镜可以保护身体、衣物和眼睛。

◎万一不慎碰触皂液或氢氧化钠，请以大量清水冲洗。

◎搬运重物、打皂过程请注意姿势，以免闪了腰、扭了手。

乔叔碎碎念

氢氧化钠不论是固态或是液态都有危险，固态碱怕潮解，液态碱怕渗漏喷溅，如此描述会让人对做皂裹足不前甚至避之唯恐不及，所以在此呼吁请确实遵守安全守则，并以严谨小心的态度和轻松偷快的心情来看待氢氧化钠和做皂，让不必要的意外发生机率降到最低。

氢氧化钠（NaOH）使用注意

◎存放时应密封置于小孩不易拿取及阴凉处，注意潮解问题。

◎操作时注意勿碰触皮肤及身体其他部分，小心喷溅伤到眼睛或翻洒泼到腿部。

◎不论存放或操作，都请用不锈钢或玻璃容器，勿用塑胶、铝、铜、铁制品。

◎遇水会产生高温及气味，需注意操作环境，勿在密闭空间。

意料之外

做皂过程中难免会有意料之外的事发生，小则手忙脚乱或忘东忘西、大则牵扯到成皂与否及安全问题，所以为了减少意料之外的情况发生，我都谨记"三不打"原则：心情不好不打皂、身体不适不打皂、没啥时间也不打皂。

但不管如何小心及预防，一旦真的遇到都请先用灵敏的头脑想一下变通或补救的方法，把意料之外的事先处理好，之后再来查凶手追原因，好比在火灾现场，一定是先逃命和救火，事后才查起火原因的。

举例来说，忘了加料这件事，偶尔就会有像忘了加精油或超脂的情况发生，明明就量好放在旁边，可是在入模后，准备洗工具的时侯，才发现它居然整杯好好地还伫在桌上，这时候抓头大吼大叫也已于事无补，看看皂液若还能搅得动的话，那就加进去补，但请记得搅匀，如此只是表面丑了点、气泡孔多了点而已，否则就把它当作和煮菜忘了放盐一样，以吃清淡一点有益健康来解释。

有些既然已发生无法改变现况的，就改变一下看法和想法吧，世事无绝对，做皂也是，有时候要不就是想法改变，要不就是做法转换而已。

做出不如预期的皂，那就找出原因改进，下一锅再试一次就好了，千万别因此茶不思饭不想，因为有时结果不如预期，却也有另一种意外的美丽。

其他制皂过程中常见的意外，多是发生在过与不及之时，整理如下表让做皂者预防。

意外发生事由	过	不及
油、碱量计算或量秤	过硬：粉碎	过软：无法凝固
搅拌时间长短	过长：失温	过短：不均匀
超脂、减碱量	过多：反应不全	–
入模后的温度	过高：皂爆裂	过低：白粉出现
晾皂保存环境	过湿：出油酸败	–

跟着乔叔，开始做渲染皂！

请带着愉快的心情，准备好工具和材料，

跟着我一起做渲染皂吧。

操作步骤 Step by Step

1. 拟配方表：

针对个人需求及气候状况，先检查手边有哪些材料，再来拟定配方表，一来不会发生原料临时短缺的状况，也方便制皂操作过程及供日后追踪查原因。所以，再以前一章的家事皂为例来说，拟出配方表如下：

油　品	皂化价	油量(g)	碱(g)	油比例(%)	硬度值	INS 值
椰子油	0.19	600	114	60.00	258	154.80
棕榈油	0.141	400	56.4	40.00	145	58.00
合　计		1000	170.4			212.8

水量：　170.4 × 2.6 = 443.04g

超脂：　乳油木果脂 20g

精油：　尤加利 10ml、茶树 10ml

乔叔碎碎念

在开始下一步骤之前，有件事要提醒：请记得清洁一下工具和容器，不管是前一天才刚洗好所留下的水滴、油污或因很久没打皂被放在角落吃了饱饱的灰尘，这个小动作别忘记也不要忽略，相信我，绝对有好处没有坏处。

2. 溶氢氧化钠 NaOH：

在操作之前，确实依照安全守则，做好防护措施，注意自身及环境安全。将170.4g的氢氧化钠分批缓慢地加入到443.04g的水中，轻轻搅拌让两者先融合，使用温度计量测温度，在等待降温到与油温相等的同时，利用时间先把所需的材料准备好。如果秤的精准度到1g的，就取到整数，小数点以后的就四舍五入计算。

3. 量油备料：

依据配方表所列的材料，把油先量好，再将添加物、超脂、精油也都先秤好，这样待会儿就不会手忙脚乱，也不会有过程中随手抓起东西就往锅里丢的临时起意状况发生。

4. 混合加温：

把配方油（椰子油＋棕榈油）先混合倒入锅子里，利用搅拌用的打蛋器先轻轻搅拌均匀再加温，加温到40～45℃左右。

5. 加碱和水：

检查油和碱水温度相近时，再将配方油持续搅拌，并缓慢或分批将碱水加入，为了安全起见，加入时可先暂停搅拌，以免碱液碰到搅动的搅拌器而喷溅，尤其当只有自己一个人在操作时，更建议采用分批加入。分批一般约分为三到五次，每次加入后持续搅拌到均匀再加下一批，直到全部加完，搅拌时请轻轻且持续的搅拌就好，切勿使用蛮力死命般用力乱搅，一来保持贵妇及绅士优雅气质，二来也比较安全。过程中注意勿让皂液碰触到皮肤，同时观察油的颜色并记录温度变化。

6. 加特脂或添加物：

在将近 Light Trace 的时候再来加入特脂，即配方表中的 20g 乳油木果脂。（若是使用减碱的方式，则无需再加特脂）

若精油在量秤好之后就已经将量杯直接倒扣在特脂的容器上和超脂先混合，则和特脂同时加入。

若不做其他效果，则其他添加物亦可于此时加入。

7. 特殊效果：

这个部分在本书后面章节会有详细介绍，例如造型、分层和渲染。

8. 入模：

当持续搅拌皂液让它达到 Trace 状态即可入模，入模后可上下轻敲让气泡浮出，以避免皂中有气泡孔，气泡孔仅影响美观，不影响成皂及功能，不介意者不敲也没关系。

9. 保温：

置于保丽龙箱内保温，以十二小时为约略值，不过对于上班族来说，可以晚上置入，隔天下班再取出，其实应该视配方和天气而定，如家事皂则缩短，马赛皂则延长；大热天缩短，天冷就延长。保温过程中尽量不要去偷翻保丽龙箱盖子偷看，以避免失温造成失败。

10. 工具清洗：

做完皂的锅子、量杯、搅拌器等工具，在操作完成后一定沾满了含碱的皂液或油渍，清洗时需注意不要直接与皮肤接触，可以戴手套来洗、利用报纸或卫生纸先把工具稍微擦一擦再洗，用水冲一遍，先把大部分皂液和油渍冲走再洗，或隔一天让皂液结成皂后再洗，以上方法都可以减少让手直接碰触到皂液的机会。

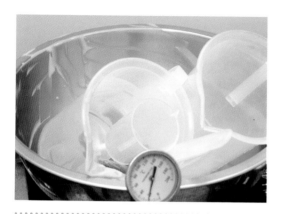

乔叔碎碎念

不过，我说老实话，隔天再洗锅这个方式，在你疯狂爱上手工皂时你会不太适用，因为届时你会每天都想要做皂，朝思暮想的都是皂，眼睛看到的、手上拿着的，都想说是不是可以拿来入皂，所以要你隔几天再洗锅做皂，这对于"皂郁症"患者来说，的确是有点不太容易。那种复杂的心情，就好像戒烟的人看到烟、减肥的人遇到有人邀约去吃大餐一样，令人感到心酸酸的不是滋味。

11. 脱模：

如果是晚上做皂，隔天就可以把皂连模从保丽龙箱中取出，若是皂过于软黏，再放一两天也是要等着，"戒急用忍"是此时必需采取的措施，取出后观察皂与模之间是否还如胶似漆地黏在一起，若是，则再耐心等待让两者之间有空隙后再脱模，一般来说，是以皂的状况来决定脱模时机，若皂过软或过湿都不适合，可再放置一段时间后再脱模，切勿急着脱模，否则得不偿失。

千万不要为了脱模而使用暴力或蛮力，做皂归做皂，可别把自己弄得像野蛮女友或坏皇后一样地没形象，耐心等待、运用巧思，这里提供些小秘诀让你可以快乐做皂又兼顾形象与气质。

乔叔碎碎念

脱模小贴士：

1. 皂液入模之前，在塑胶盒模的里面放张投影片，当然投影片要稍微裁一下以符合塑胶盒模的底部大小，脱模时你会发现底部都有张投影片隔着，只剩要处理塑胶盒模的四面墙壁和皂之间，各给它们一刀后要让它们分开就容易多了。

2. 如果事先没有放投影片，脱模时发现不好脱模的话，则连带着皂将它们放到冰箱里冰一阵子再拿出来脱，也是不错的方法。只是用此方法得记得提醒家人或注明那是肥皂，免得被当成冰淇淋给挖来吃，那就不好了。

12. 切皂：

脱模之后，一样视皂的状况决定切皂的时间点，过软的皂就多放个一天、两天，再切也无妨，和脱模一样切记要"戒急用忍"，否则一切下去，发现皂马上黏刀，切面就糊了，火气一上来，白雪公主马上变成巫婆，白马王子变身野兽。

对于不同效果的皂，切皂也有不同技巧，在后面的章节里，会有提醒。

13. 晾皂

切好的皂摆放在阴凉、干燥、通风的地方自然风干，静置到熟成即可使用。

14. 盖皂章

晾皂过程中，视皂的状况再盖上皂章，自用或没有皂章者不盖没关系。一般来说，等到皂的表面干了以后，就可以盖皂章了，或者先拿切下来的皂边来试盖看看效果，若 OK 就可以将切好的皂都盖上皂章。假如你的皂章会容易黏皂，可以在皂上放张保鲜膜再盖，隔着一张保鲜膜后，盖出来的效果也会不太一样。

盖皂章

皂太软，效果不佳

盖皂章完成

15. 包装

人都要衣装了，皂当然也要包装，尤其是要出门见客，也就是熟成的时候。

不过，包装归包装，可不要过度包装啰，当然得视要赠送的对象而定。像我得到处跑市集，展示这些肥皂，只能用最简单的收缩膜方式来呈现，一方面可防尘、另一方面则在贩售时，大家可以很清楚地看到我的肥皂。但是，你若要送亲朋好友，那就好好发挥你的创意，包装得美美的，这样，面子里子都顾到了，送给朋友时一定会被大大地赞美一番呢！

但话又说回来，美美的手工皂，本身就会说话了，我并不建议包材太过花俏或繁复，最好能以简单的素材，呈现手工皂本身的美，以避免喧宾夺主，或因过度包装带来的不环保，破坏了我们制作手工皂的初衷与精神。

家事皂

从讲解碱水量、INS 计算开始，配方准备到操作步骤，我都是使用同一个配方的家事皂来举例说明，由此可见作者有多懒，连举例子都懒得改。其实也不尽然都是懒造成的，是喜欢家事皂的配方简单和制作容易，虽然是在制皂一年半之后才开始做家事皂，但自从做家事皂之后，洗碗精就被打入冷宫了（沐浴乳、洗面乳和洗发精三兄弟更早在做皂之初就被下放劳改去，至今还没再回来过），因为家事皂的清净力一点也不含糊，可以把油腻清得一干二净，绝对没有要油不油、要腻不腻的模糊地带，尤其是洗过的不锈钢锅子，用手搓滑过可以听到干净的声音，那好像是在耻笑油污的笑声，虽然还是不能跟某些化学清洁剂相比拿去刷黑掉的锅底，但重要的是它的天然，这可是用皂者的我，最喜欢的洗感和心得。

除了拿家事皂来洗餐具和做皂工具外，平时最常用它来洗小孩的奶瓶，轻轻搓揉出泡后再涂上奶瓶刷，伸进奶瓶里转一转，用水冲后就干净无比，既天然又不用担心残留，真是让人放心。

家事皂是我少数不做花样的皂之一，所以赶在进入"搞怪创意"之前拿出来介绍一下，在此先就此打住，不然再介绍下去会越来越像购物台的主持人。

乔叔碎碎念

1. 个人比较喜欢单一纯白色，选白色的用意是因为它给人一种洁净的感觉，但这仅是建议而非绝对。

2. 慎选要加入的粉状、粒状或有颜色的东西，尤其是要拿来洗衣服用的时侯。

3. 家事皂仍然需要用手拿，所以请别使用太过清洁的配方，除非有戴手套的习惯。

4. 对于较油腻的东西，可以先用水冲掉大部分油腻后，再用皂来洗，如此可以节省皂的消耗。

直线分层

分层效果的制作方法，主要就是两款或两款以上不同皂的组合。不论是配方或颜色的不同，依其制作方法，又可分为：分次或依 Trace 程度两种，前者可得完美直线，后者就是捉摸不定的曲线。

爱上夏夜

夏天微凉的夜里，棕榈油和椰子油并不会冷到凝固起来，不用再加热融化这步骤，是做皂者特爱的做皂好时机，因此我把上层以艾草煮水，下层加了苦橙叶精油，取其谐音命名为爱上夏夜。

皂的配方：

有机 extra virgin 橄榄油 20%、棕榈油 40%、椰子油 30%、芥花油 10%；薄荷脑、荷荷巴油；艾草煮水（代替纯水）；苦橙叶精油。

怎么做：

分两锅制作，不同时间入模，上层这锅是利用花草入皂方法的煮法，取新鲜艾草晒干后煮水过滤，静置降温，以取代制皂需用的水量，而下层使用纯水，使得上下两层在颜色上有区别。

乔叔碎碎念

想要让分层效果中，两层之间的界线呈直线的话，那么请把两者入模的时间错开，可以分两锅前后做，入完前一锅皂液之后，再开始打下一锅皂的时间差距，就可以得到很好的直线条了。保险一点，前一天先做好第一层，第二天再做另一层，这样也可以。其实只要下层的皂液撑得住上层皂液的重量即可。

直线分层

病毒远离

肠病毒是每个有年幼小孩的家长最担心的一种病毒之一，每当肠病毒好发的季节，从家里到学校、幼稚园、托儿所，父母和老师们无不绷紧神经，一再地叮咛孩子要勤洗手，而且还强调要用肥皂把手洗干净，既然要用肥皂洗手，那当然是用手工皂啰！所以，做块手工皂来让病毒远离吧。

皂的配方：

有机 extra virgin 橄榄油（浸泡紫草）22.5％、棕榈油 32.5％、椰子油 18.8％、甜杏仁油 17.5％、酪梨油 8.75％；SF：荷荷巴油；尤加利、茶树精油。

怎么做：

利用花草入皂方法的泡法，将干燥后的紫草根浸泡在橄榄油中数月，取出过滤后拿来制皂，且置于模中的下层，待下层皂液浓稠到了可以承受上层皂液的重量时，再入上层皂液。

乔叔碎碎念

一般手工皂制作者者皆喜好把植物的花叶根茎拿来入皂，其方法可略分为四种：泡、煮、碎、入，如果你觉得只写一个字这样很难理解的话，好吧，再加一个字，就是：泡油、煮水、磨碎、直入。

如果直接做，那一点都不搞怪，至于渲染皂的做法应用及入皂后的效果，会安排在后面的章节慢慢出场。

曲线分层

想要让分层效果中，两层之间的界线呈不规则曲线的话，那就要同时做，也就是同一锅皂分开调色，再先后倒入模中，利用皂液尚未凝固之前，让上层皂液的重量挤压下层，就会得到不规则曲线，通常入模时间选在接近 Over Trace 之时。

幸福洋溢

幸福是什么？娶到好老婆嫁到好老公是幸福，有个半夜会叫人起床的婴儿是幸福，每天有老板脸色可看是有工作的幸福，常塞车在路上是有车可开的幸福，常受相思之苦是有人可思念的幸福……是的，幸福是如此随处可见，就看你有没有发现，想象在汗流浃背炎热的夏天，手上刚好有一支冰棒，也是好幸福的啦。

皂的配方：

有机 extra virgin 橄榄油（浸泡洋甘菊）37％、棕榈油 11.8％、椰子油 21.7％、澳洲胡桃油 9.84％、榛果油 7.23％、米糠油 4.33％、甜杏仁油 7.87％；SF：乳油木果脂、荷荷巴油；玫瑰天竺葵、依兰依兰、姜黄粉。

怎么做：

上下两层为同一锅皂，只是分开来入模，利用花草入皂方法的泡法，先将干燥后的洋甘菊浸泡在橄榄油中数月，取出过滤后拿来制皂，后入模的皂液则再利用花草入皂方法的碎法，拿姜黄粉来调色，趁着下层皂液未凝固时赶紧入模，使得分层界线被挤压扭曲成曲线，脱模切皂后再倒过来摆，就成了这款加了甜杏仁油、澳洲胡桃油和洋甘菊的幸福洋溢。

曲线分层

爱的叮咛

想起小的时侯，每天早上出门上学时，妈妈总是会吩咐：走路要小心、上课要认真、要听老师的话等等，当初总觉得为什么每天都一样的话，妈妈要一直重覆地讲呢？直到前阵子才惊觉，奇怪，这不就是我每天载女儿去上学时，在她下车前对她讲的话吗？原来爱的叮咛是由浅到深一遍又一遍的，就如同这皂一样。

皂的配方：

有机 extra virgin 橄榄油 36.2％、棕榈油 21.6％、椰子油 21.6％、澳洲胡桃油 10.3％、甜杏仁油 10.3％；SF：小麦胚芽油；艾草（代替纯水）；丁香粉。

怎么做：

使用花草入皂方法的煮法和碎法混合应用，采用新鲜艾草日晒干燥后水煮，煮沸后过滤静置，待降温后取代做皂用的水量，入皂就是最上层的颜色。第二层是利用磨碎的丁香粉相对于调色皂液量以 1％的比例调出来。第三层则是以相对于调色皂液量的 2.5％，利用粉量的比例来控制调整出颜色深浅的差异。三层为同一锅，只是分三部分调色，打到接近 Over Trace 时再依序入模，即可得到曲线效果的分层。

或许有人会问，那既然可以依丁香粉比例不同来调色，为何不多做几层？这就有如叮咛太多会变成唠叨一样，分太多层也会迷失了主题，看来我还是少念女儿两句，免得她会觉得我是爱唠叨的老爸。

分层皂切皂法：

分层一般都是上下分层，即分层线是水平的，以直切取得纵切面而得上下分层的效果，但如果皂比较软黏容易黏刀时，直切下去会让上层的皂屑涂到下层，皂面就会小丑，特别是两色是对比色时最明显，如一黑一白或一深一浅的配法，所以对于分层皂，请将它转个方向，让分层线垂直桌面再直切下去，如此就算刀有点小黏，也是你走你的路，我过我的桥，上层涂不到下层，互不影响，切面自然就会美一点，可惜的是曲线分层再怎么闪还是多少会沾到一点，所以建议多放几天让皂干一点再切皂，以减少皂软黏刀污损皂切面的情形发生。

> **创意造型**
>
> 利用简单的几何形状排列组合成的图形，运用想象再加点创意，这锅切剩的皂边皂块，可以变成下一锅充满趣味的图案，当然皂边皂块全部切丁再丢进去下一锅的做法我想大家应该都会，在这里就不再介绍那种潇洒丢法的做法。

爸爸回家

现在的社会职场形态要做到如古人说的日出而作日落而息，似乎是非常困难，尤其看到每天傍晚华灯初上的时刻，公司工厂里依然是灯火通明，为台湾经济奇迹打拼的人

们还留在那里加班，然而随着家里的灯一盏盏地点亮，想象孩子在餐桌前看着热腾腾的晚餐，用手托着脸巴望着爸爸能回家一起吃，想到这里，真的是钱可以少赚一点，班可以少加一点，考绩被打差一点也都无所谓，下班赶快回家多花点时间陪陪孩子吧，毕竟时间是父母给孩子最珍贵的礼物，而且孩子的成长只有一次，真的。

皂的配方：

有机 extra virgin 橄榄油 30％、棕榈油 25％、椰子油 25％、甜杏仁油 20％；SF：荷荷巴油；薄荷脑、备长炭粉；广霍香精油。

怎么做：

这皂是分两锅制作的，首先利用黄色皂块，入到加了备长炭粉的黑色皂液里，排出类似灯火的零落的感觉，脱模后再将皂裁切出大楼的剪影，再入到另一锅黄色皂液里去，切出来就是这个样子了。

创意造型

赤子之心

随着年纪渐长，看过许许多多虚虚实实、真假难辨的事，以至于很多复杂的事越来越可以一眼看穿，而依据的是日积月累对黑暗面的了解，经年累月下来，发现自己的内心虽未被染黑，但也有一半笼罩在阴影之下，所以当夜深人静独处沉思书写不出来的时侯，努力回想内心深处那份纯净的心思是否还依然存在？因此想做一款皂让它像赤子之心一样地单纯，所以用这么简单的一个圆形来表现，但是为什么不用心形呢？那又太过直接，一点意境都没有了。切~做皂就做皂，理由那么多，真受不了自己时而感性时而理性的双面人个性。

皂的配方：

有机 extra virgin 橄榄油 45%、棕榈油 20%、椰子油 25%、甜杏仁油 10%；SF：乳油木果脂；红麹粉以相对于调色皂液量 7% 比例调成；罗马洋甘菊精油。

怎么做：

先使用圆形管模做出圆柱形皂条，再横摆着放入另一新锅皂液中，脱模后直切，即可得圆形切面。不过我没有买圆形管模，是捡厨房内用完的保鲜膜里面圆条形的纸筒，纸筒的一端用保鲜膜和橡皮筋封住，另一端则不封，让纸筒的开口处可方便倒入皂液，里面衬张裁切过的投影片，再将调色后的皂液倒入纸筒，脱模后就完成圆柱形皂条了。颜色是使用红麹粉以相对于调色皂液量 7% 比例调成。

创意造型

珍珠奶茶

炎炎夏日的午后，忙着一堆工作之余，暂停一下来杯下午茶吧。老板，珍珠奶茶一杯，去冰半糖，谢谢。

皂的配方：

有机 extra virgin 橄榄油 30％、棕榈油 25％、椰子油 25％、甜杏仁油 20％；SF：米糠油、荷荷巴油；备长炭粉、珍珠粉；薰衣草、茶树精油。

怎么做：

要做出珍珠奶茶，首先要先准备珍珠，当然不是真的去买珍珠粉圆回来煮，而是利用备长炭粉做成黑色的皂，在脱模后不久，视皂的状况，使用平常拿来喝珍珠奶茶用的大管吸管，用它来戳皂，可以做出一条一条圆柱形的皂条，再丢入第二锅白色皂液中，让它们以同一方向沉入到皂模底部去。

若皂液在 Over Trace 时，可以让黑色皂条浮在皂液上，用工具轻轻按压至被皂液覆盖，而非裸露在外，脱模时依黑色圆皂条之圆切面方向切皂，即可以得到一颗一颗类似珍珠奶茶的效果。

如果皂里再加点牛奶会更名符其实，但千万别真的加奶茶进去，拜托！

乔叔碎碎念

由于我个人不喜欢珍珠奶茶加冰块，所以皂中也没有，如果你想要有冰块感觉的话，请自行切些透明一点的皂块放进去假装吧。

创意造型

甜蜜微笑

这款皂的点子，来源是家里那初生的儿子小翰，只要随便一逗他就会笑得呵呵叫，由此得到联想，因为他的笑，可以让我忘却工作的烦恼和沈重的经济负担，虽然没办法把他的表情在皂中表现得淋漓尽致、唯妙唯肖，像眼神光和微流的口水等都没有，可是为人父母的都知道我所指的那种只能意会不能言传的滋味，所以做这款皂只求让人看了会心一笑，意思到了就好。当然另一方面也是希望让洗它的人能够洗去烦恼忧愁，只留下微笑。

皂的配方：

有机 extra virgin 橄榄油 30％、棕榈油 25％、椰子油 25％、甜杏仁油 20％；SF：米糠油、荷荷巴油；玫瑰天竺葵、葡萄柚、快乐鼠尾草精油。

怎么做：

利用圆形和圆弧可以排出这样的笑脸图案，圆形的做法是和上一款珍珠奶茶的珍珠做法相同，而圆弧是利用修皂时削下来的皂薄片，利用晾皂风干时自然弯曲而成的，当然如果你希望笑容更灿烂时，可以适时以人为的方法调整弧度。

把拔，这是什么皂？

有天拿着与这块类似的皂给小谦洗澡用，有新皂时她总是会问："把拔，这是什么皂？"我回说："这款皂叫做微笑。"她说："可是少了眼睛。"我说："哦，对啊，因为笑到眼睛眯起来，而且脸又黑，看不太到眼睛，其实是有的，你找找。"只见她真的在皂上找眼睛。唉！小孩真是天真，老爸真爱捉弄人。结果没多久，她说："把拔，你看，眼睛在这里耶！"唉！父女一个样，耍宝爱搞笑。

创意造型

愿你平安

本书尚未完成时，有一阵子我的脑细胞不是装死就是罢工，想不出任何的点子，有天凑巧我和一位教会的姐妹在MSN上聊天，刚好那时是复活节前夕，她问我说有没有办法做一款皂来符合复活节的气氛呢？被她这么一问，我的脑细胞好像被急救电击一般地活了过来，于是利用耶稣复活后对门徒说的问候语："愿你平安"来当作主题，再以圣经中"各各他山"上的十字架当图案来辉映这样的主题。

皂的配方：

有机 extra virgin 橄榄油 30%、棕榈油 25%、椰子油 25%、甜杏仁油 20%；SF：荷荷巴油；薄荷脑、备长炭粉；乳香、安息香、薰衣草精油。

怎么做：

因为这是脑细胞被电击后的产物，所以做法是有麻烦了一点，首先准备一块 6×6×6cm 的黑色皂块，取任何一面当正面，雕出你要的图案，如本款皂的十字架和山坡地，再放到皂模里，下一锅皂打成黄色入进模里，脱出来从相对于雕刻面的水平方向切下去就可以了。

乔叔碎碎念

造型皂制作提醒：

造型皂通常都需要两款或以上的皂才能完成，所以请注意各款皂之间的配方差距不要太多，且制皂日期不要相隔太久，以免造成入水后发生消耗不均或图形脱落的情形。

关于渲染皂

为了让手工皂在好用之余加入点艺术元素，利用流动线条，表现出类似抽象主义的手法与精神，让手工皂不再只有一成不变的单一颜色，更跳脱到几何图形或具象造形之外的另一境界，使手工皂兼具美貌与内涵。

然而，渲染并非神功，手工皂不会因为做渲染就比较好洗，不过对于手工皂来说，它其实是最简单、最容易且最具有独特性的效果。

至于我为什么这么喜欢做渲染？答案是：因为懒，所以爱渲染。

倒法及画法

渲染最常被问到的两件事就是：怎么倒？怎么搅？答案诚如我常讲的"用心搅、多练习"，不过这么说是有点笼统，也曾因为讲得太过简洁，差点被人丢拖鞋。不是我不把它讲清楚，而是它真的就是这样，这得等到熟悉渲染手法之后才能体会，然而在那之前，顶多只能把"用心搅"用简单的方式跟大家说个明白。至于"多练习"得靠各位自行多多练习了，还是那句老话："只要多练就会有进步"，这好比你不可能站在游泳池边不下水光看教练示范就学会游泳一样。那么，在此先介绍几种方法，提供给初试渲染者练习参考。

基本做法

渲染的做法，简单来说就是将一锅皂液分出少部分皂液加料调色后，倒入已先入模的大部分皂液里去，再利用类似画图的搅拌方法搅画而成。

跟着乔叔做渲染皂

搞怪工程师教你做美美天然好皂

倒法

先将大部分的皂液倒入模中，再把调色后的少部分皂液，依箭头的方向及路径倒入，倒入时稍微抬高，利用调色皂液的重力加速度倒入模中皂液，使其深入到接近模底。

渲染倒法提醒：

1. 倒调色皂液时请稍微抬高，但也不要抬太高，以免皂液喷溅出来或有倒不准的现象。

2. 倒入时尽量别让调色皂液成为坨状，尽量让皂液的线条与线条之间有所区隔。

3. 倒入时请慢慢倒，不要快速地来回倒，以免调色皂液仅停留在表面而没有沉入底下。

4. 如果调色皂液调太多，倒不完就别再倒进去，免得整锅皂会变得杂乱。

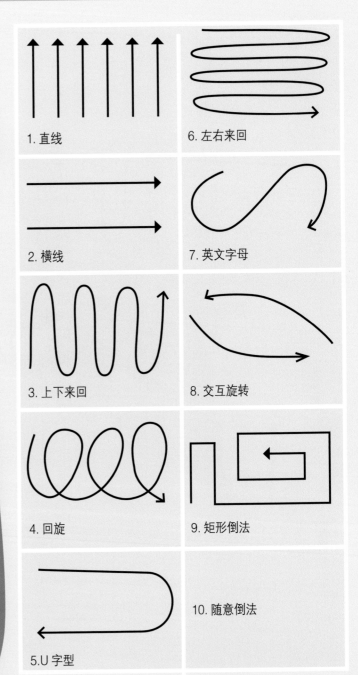

1. 直线

2. 横线

3. 上下来回

4. 回旋

5. U 字型

6. 左右来回

7. 英文字母

8. 交互旋转

9. 矩形倒法

10. 随意倒法

画法

使用刮刀伸入模中在皂液里搅画的路线，箭头代表方向及离开模的时机，搅画时记得将刮刀轻轻抵到模底。

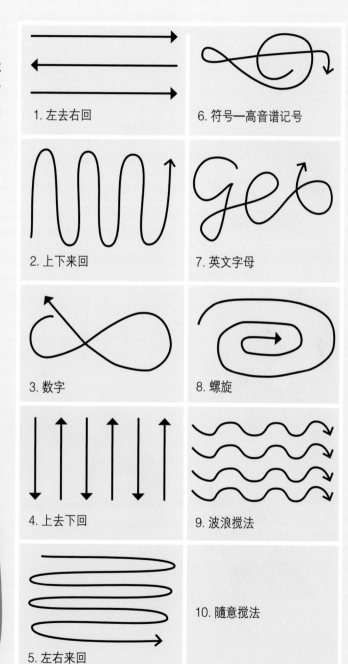

1. 左去右回

6. 符号—高音谱记号

2. 上下来回

7. 英文字母

3. 数字

8. 螺旋

4. 上去下回

9. 波浪搅法

5. 左右来回

10. 随意搅法

乔叔碎碎念

将以上的倒法和画法，依同号组合（1对1、2对2……）就可得到不错的渲染线条，何况不同号的组合，可延伸出更多的变化，再转个方向换个角度，或倒搅互换或多式混合，那真可说是千变万化，就好比武功秘笈上仅仅几个简单的招式，经由不断的练习，即可变化出让人捉摸不定的盖世神功一样。不过，前面就讲过，渲染不是神功，这只是个比喻而已。

跟着乔叔做渲染皂

搞怪工程师教你做美美天然好皂

当然在这里不可能将所有组合一一介绍，这样会有浮充页数之嫌，而且可能会比字典还厚，那么就先利用前述之倒法 1 和画法 1 的组合来示范做做看，这个组合可以说是最容易上手的做法。

首先依倒法 1 直线的方式，在皂液中倒入调了颜色的皂液，视模的大小适时调整倒入色皂液的数量，不见得要像倒法 1 一样倒到六条，而且不直也没有关系，只要线与线中间有区隔就好，之后将刮刀插入皂液中，轻抵模底，利用搅法 1 左右来回一来一往的路线搅画，结束时刮刀再由边缘离开模中的皂液，结果原本的直线色皂液因为被刮刀一来一往地拉动，就跑出线条来了。

乔叔碎碎念

渲染搅法提醒：

1. 可以一气呵成就一气呵成，一刀进一刀出就完成，但这并非绝对，只是建议。

2. 不要画到一半就停下来左思右想，如此的线条会少了点平滑柔顺的感觉。

3. 刮刀不要握太紧，转弯的时侯才不会卡到手腕，但也不要松到让刮刀掉进皂液里去。

4. 如果你使用的模开口比较小或像是狭长的土司模，可以使用切起司蛋糕的塑胶小刀来画。

5. 刚好就好，见好就收，凡事适可而止，不要再想这里补一刀，那里补一下，切记。

渲染皂的切皂技巧

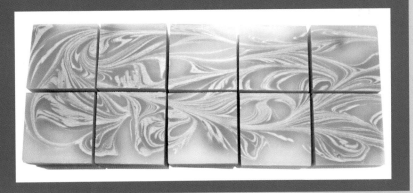

在切皂时有直切与横切的分别，若将皂依脱模方向脱出后平置于桌上，所谓直切即是与桌面垂直的切法，横切则是与桌面水平的切法。

就一般人习惯来说都是以直切居多，假如整锅皂都是同一颜色无变化，像是白净的家事皂，或是分层效果的皂，则使用直切；而横切则是较常用在渲染效果和特殊造型的皂上，如此可以有较好的线条表现，也比较好控制摆放位置，因此横切是我比较常用的切法。

要横切的话，皂的厚度就至少要有 5cm ~ 6cm 左右，这样横切后每块皂还有 2.5cm ~ 3cm 厚，也看过有人使用较大的模，让皂厚度就只有 3cm，这样就根本不用再横切，而渲染的线条就取最上面看到的样子，如此做法也行，只是咱们还是比较偏爱再横切的渲染，因为最美的线条总是藏在切面里。虽然刚脱模时，皂的外表有时不是那么地令人满意，不过古人说过，看人不能只看外表，就像有的人外表看起来很冷酷，其实内心是很有热情的，所以如果觉得我看起来很冷酷，千万不要就以为我是个很冷酷的人，那只是因为前一天没睡好，进入省电模式才会这样。

好像有点离题，好的，言归正传，同样的，皂也是一样不能只看外表，不切开很难知道里面的纹路。因此，第一刀切下去后，当切面上的亮丽颜色呈现在眼前时，喜悦和赞叹绝对是切皂人对渲染的第一反应。往后的每一刀切下都是惊喜，毕竟你无法预测线条会怎么跑，因为有的线条像流水，蜿蜒流长；有的像山峰，峰回路转；有的像在跳舞，优美曼妙；有的很调皮，不按牌理出牌。

但无论如何，就是怎么看怎么漂亮，有时甚至会恨自己，为什么做出那种让人切不下手的线条，这正是渲染皂之所以令人心生向往、满心期待之处。

当然、横切不是真的要你一手压着皂，一手拿着刀子就往皂身中间横着切，除非你有像日本料理师傅处理生鱼片一般的精湛刀法，那你可以这样横着切我不反对，否则请先将皂向左或向右转个身再直直切下去。不过，正确的说法，应该是在切皂前，请先看清楚你要哪一面的线条，再决定横切或直切。

首先将上盖取出后，原本是冂形，可直接靠在皂上，亦可将它倒置如凵形，再将皂放在其中，如左图。

而本书中介绍的切法，亦大都为横切的做法，想试试其它切法的朋友，也可胆大心细地试切，也许会得到令人惊艳的效果哦！

量好要切的长度后，刀面抵住两侧的边缘，另一手稍微固定皂别让它滑动，顺势直直切下去。

普遍发现，一般人包括我在内，切皂都会有切歪的现象，枉费已经把皂做得美美的，结果一个切歪，直线变斜线，方形变梯形，质感马上大打折扣。所以，有人会买切皂器或修皂器来用，各种材质、样式都有，价格也不一。当然，看到这里或许有人已经猜得出来，咱们一定有省钱又简单的工具，是的，这个工具可说是不用钱的，而且家里一定有，只不过你要等到它坏了才可以拿出来拆，那就是台式电脑里电源供应器的上盖。

是不是很简单又省钱的工具呢？

跟着乔叔做渲染皂

搞怪工程师教你做美美天然好皂

优雅线条

渲染最迷人的地方，在于它的线条，也就是"渲"的部分（至于"染"在下一章节介绍），那么如何才能做出状如行云、动如流水的线条呢？

首先得先找到生活中可以遇见的美丽曲线，想象它的柔美，进而运用在搅皂上，这部分得看各人平时对周遭事物的观察力，没个标准也很难说个明白，就以我自己为例，来说明是如何发现美丽曲线的。

这故事要回溯到刚开始做皂那时，话说当时正苦思如何做出优雅的渲染线条，终日悬心挂念，抚水听风看浮云，想从中得到点启示却苦无结果，直到不久后我遇到了那位女孩，我俩当时一直分隔两地，在相识已四年后才在一起，仅在下班后的傍晚时分得以见面，她是个很健谈的女孩，侃侃而谈畅所欲言，但我却常心不在焉、鲜少搭腔，甚至常听不清楚她在说什么？因为每次我总专注在她身上那让人找寻已久的美丽曲线，当那曲线随风摇摆的时侯，总让人忍不住伸出手用指尖去触摸它，感受一下那曲线之美，想象渲染若可以做出像这曲线一样美的话，一定很棒。

正要赞叹上天把世界上最美的曲线留给女人之时，突然耳边传来一句："老公啊，你女儿的头发吹干了没？"这才把我拉回现实世界里，看着发丝随着吹风机的风在指缝中流窜的时侯，会发现线条就是那样的连续、随意、流畅和不规则，如此比较有优雅的感觉，因此画法也就没有固定的规则和轨迹。

若一开始还没捉到要领的话，可以将脸盆装满水，拿条小丝巾，用手抓住其中一角，再将手和丝巾放到水里搅画，感受一下水的流线律动，就会有心得的，没感觉的话再放点悠扬的音乐试试，如果还是不知道我在说什么的，那请看看以下的实例。

离情依依

一位女同事不知何时也不知在何处，买了一瓶"依兰依兰"精油，先前可能没有接触过依兰浓郁艳丽的花香，买回来拆封后眉头一皱"唉唷"了一下，就一直摆在办公室的桌子上。直到有天被我发现它，她则以味道不喜欢为由丢给我做皂用，而我拿回来原本打算要用依兰做一款皂送她的，无奈懒病发作一直把它摆着纳凉，直到后来这位同事说她即将离职，才赶紧去把纳凉中的依兰找出来，做了这款离情依依的皂，赶在她离开公司之前送给她，祝福她离开之后能速速找到她的伊人。

皂配方：

澳洲胡桃油 25%、酪梨油 25%、棕榈油 20%、椰子油 20%、甜杏仁油 10%；SF：米糠油、维他命 E；珠光粉 2.7% 调色；依兰依兰精油。

怎么做：

利用白色的粉类做渲染线条，原本担心会不会和皂身底色太接近，看来我的担心是多余的，不但不会不明显，反而还有一种清新素雅的感觉。至于渲染方式，就是使用随意倒法和画法。

乔叔碎碎念

这里看到用来做渲染调色的添加物比例是相对于调色皂液量而非配方油量或全部皂液量，例如以 1000g 的油量做皂，皂液约在 1300～1500g 之间，若取 300g 出来调色，以珠光粉 2.7% 调色，就是 300×2.7%=8g，往后的表示方式皆是如此，仅供调色时参考，以对照加入的比例和呈现颜色的对比，可适时增减以符合个人喜好。

跟着乔叔做渲染皂

搞怪工程师教你做美美天然好皂

何苦

做皂是快乐的，也是随兴的，特别是渲染的搅法，其路线是没有规则的，何苦为了照着路线走而烦恼呢？跟着感觉走就对了。

皂配方：

棕榈油 30％、椰子油 30％、澳洲胡桃油 20％、苦茶油 15％、米糠油 5％；SF：荷荷巴油、薄荷脑；备长炭粉 6％调色；苦橙叶、雪松精油。

怎么做：

渲染方式同样使用随意倒法和画法，只是刚好线条清楚的记录了搅动的路线。

跟着乔叔做渲染皂

搞怪工程师教你做美美天然好皂

寻觅

虽然说随意的搅法会有优雅的线条，那么难道规则的搅法就没有吗？不是的，只要用心搅，加上多练习，一样可以美美的。

皂配方：

有机 extra virgin 橄榄油 40%、棕榈油 30%、椰子油 30%；SF：荷荷巴油；荨麻叶粉 2.4% 调色、蜂蜜。

怎么做：

渲染方式使用倒法 2 和画法 2，加最后一笔神龙摆尾而成。

跟着乔叔做渲染皂

搞怪工程师教你做美美天然好皂

如沐春风

每当冬天将过，春天快来到之时，空气中即可闻到青草初长的味道，张开双手轻抚着风，当它从指缝间穿过，顺着手臂缠绕上衣袖，进而在身上流窜时，我想这就是如沐春风的感觉吧！很喜欢，所以打算让这款皂也有这样的感觉，让人在沐浴时也像是如沐春风。

皂配方：

有机 extra virgin 橄榄油 33.3%、棕榈油 25%、椰子油 25%、苦茶油 8.33%、酪梨油 8.33%；SF：乳油木果脂；紫花苜蓿叶、蜂蜜。

怎么做：

这款的紫花苜蓿叶粉比例偏高，若将比例调低，颜色会比较偏黄绿色。渲染方式使用随意倒法和画法。

这款加了青黛玉粉

苦尽甘来

人的一生中有许许多多的不如意、不顺心，总是零星交错而来，例如小时候抢玩具抢输人，长大一点读书不如人；出社会感叹怀才不遇生不逢时，背上不时背着黑锅还有暗箭，也只能哑巴吃黄莲有苦难言；爱情总是你爱我、我爱他、他爱你；年纪稍长才发现身体越来越不听话，反倒自己越来越听医生的话……林林总总犹如乌云密布、风雨交加，但别忘了云上的太阳总不改变，风雨总会过去的，拨云能见日，所以苦尽甘就来。

皂配方：

橄榄油浸泡洋甘菊 37.5%、棕榈油 20%、椰子油 20%、苦茶油 10%、榛果油 10%；SF：玫瑰果油；青黛粉 5% 调色、白石泥粉 2.5% 调色；苦橙叶、依兰依兰、迷迭香精油。

乔叔碎碎念

双色渲染并没有想象中的困难，只不过要有更多的时间，可以调和出两种颜色的皂液，并把它们搅匀，将两者分别倒入模后再一起搅画，倒法和画法请参考前面介绍的。

怎么做：

利用花草入皂方法的泡法，将干燥后的洋甘菊浸泡在橄榄油中数月，取出过滤后拿来制皂，取两小部分皂液出来，分别加入青黛粉和白石泥粉，再先后倒入皂液中，其渲染方式使用随意倒法和画法。

这款加了石泥粉

爱不释手

搞怪的我在端午节前夕刚好受邀到某知名科技大厂，缘起就是该公司训练部门主管想要打破每年端午节都做香包的传统，希望来点创新的，于是乎带了艾草粉让该公司同仁玩玩渲染，当然皂名咱们就不取作平安艾草皂，让大家发挥创意来帮自己做的皂取个特别的名字，其中最特别的就属这个"爱不释手"，这名字取得真贴切，因为手工皂真的会让人爱不释手。

皂配方：

有机 extra virgin 橄榄油 40%、棕榈油 25%、椰子油 25%、澳洲胡桃油 5%、米糠油 5%；SF：荷荷巴油；艾草粉。

怎么做：

使用艾草粉末与部分皂液混合调匀入皂，其渲染方式使用随意倒法和画法。

跟着乔叔做渲染皂

搞怪工程师教你做美美天然好皂

线条与晕染的邂逅

想要做晕染的效果，得从液体类的素材去找，
如色料、油、水这三种。

在这里，我们知道，如果拿固体类，如花草叶根粉、矿泥粉末来调色，所做出来的渲染线条会比较分明；而液体类的色料效果，就相对比较模糊，因为油相容易将这些色料吸收后而变成晕染的效果。所以搞怪的我，就试着让它们巧遇，看看会有什么效果出现？

国色天香

好用的手工皂纵使再怎么天生丽质，偶尔也是会想要略施粉黛、轻点胭脂。不过，只要一点点就好，浓妆艳抹就太过了。

皂配方：

有机 extra virgin 橄榄油 40 %、棕榈油 20 %、椰子油 20 %、榛果油 15%、米糠油 5%；SF：荷荷巴油；皂用色粉（红、黄、蓝）；天竺葵、薰衣草、葡萄柚精油。

怎么做：

为了说明晕染效果，才把放了好久的色料拿出来用，因为是百般地不愿意，所以量都只加一点点，才可以得到这种粉粉淡淡的颜色。

其他颜色的练习：红＋黄＝橘；红＋蓝＝紫；黄＋蓝＝绿。至于色泽深浅，端看个人喜好及拿捏了。

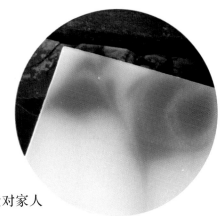

永不止息

爱皂天然、爱皂美丽、爱对家人好、爱人如己，爱是永不止息。

皂配方：

有机 extra virgin 橄榄油 30％、椰子油 20％、甜杏仁油 20％、棕榈油 15％、澳洲胡桃油 15％；SF：榛果油、乳油木果脂；橄榄油（浸泡紫草）5％调色；薰衣草、安息香精油。

怎么做：

想要做出晕染的效果，又不想使用色料的情况下，可以利用紫草浸泡橄榄油的颜色来做调色，只能加少量，颜色有出来的量即可。

红粉知己

有位认识多年的好朋友即将结婚，她希望送皂给前来帮忙的女性友人，也就是俗称的闺蜜。由此得知，皂一定要有浪漫、喜气、具淑女的气息，然而看了一下当时手边的皂，没有一款符合婚礼浪漫气氛的，才紧急依她的需求来量身打皂，让红粉可以拿它来送知己。

皂配方：

有机 extra virgin 橄榄油 32％、棕榈油 24％、椰子油 24％、甜杏仁油 20％；SF：米糠油、荷荷巴油、榛果油、维他命 E；皂用色粉（红）、珠光粉；玫瑰天竺葵精油。

怎么做：

利用珠光粉表现线条，粉红色表现晕染，所以只需将两者混在一起调。

渲染方式使用倒法 3 和画法 5，做出来就会有线条又有晕染，这种简单的方法真是适合我。

跟着乔叔做渲染皂

搞怪工程师教你做美美天然好皂

微醺

延续上一款皂，说明线条和晕染的结合呈现与颜色变化练习。

皂配方：

有机 extra virgin 橄榄油 40％、棕榈油 25％、椰子油 25％、澳洲胡桃油 5％、米糠油 5％；SF：荷荷巴油、维他命 E；皂用色粉（红＋蓝）；珠光粉；薰衣草精油。

怎么做：

使用和上一款相同的手法，唯独将粉红再加上一点点的蓝，就出现这浅浅的紫。

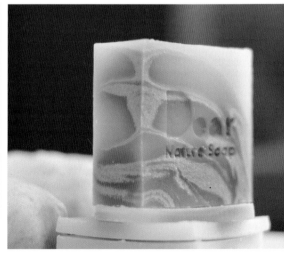

跟着乔叔做渲染皂

搞怪工程师教你做美美天然好皂

好久不见

你是否有些以前很要好的朋友，却不知从何时开始，你们突然失去联络，或许是毕业，或是换工作、结婚生小孩，总是在一段时间之后，当你在跟别人聊起他，说到"我有一个朋友，他……"之后，才惊觉你们已好久不见，以前的种种，一幕幕的从记忆里慢慢地浮现，突然好想再见他们一面。

那些年轻时一起去河堤骑脚踏车看星星的家伙，出刊在即、一起窝在学校地下室社团教室里挤不出创意而着急的同学，还有别校一样爱搞怪的伙伴们，曾经一起被教育班长半夜挖起来处罚的同袍，和被后来成为班长的我欺压的小兵们，以前的同学、离职的同事、网络上认识的网友……我们真的好久不见了，就利用流动的线条，做款皂来纪念那段如水流逝的青春时光吧。

皂配方：

有机 extra virgin 橄榄油 15％、苦茶油 35％、棕榈核油 15％、棕榈油 15％、澳洲胡桃油 10％、榛果油 10％；SF：月见草油；酒粕、珠光粉；棕榈果油 1.7％调黄色；薰衣草、迷迭香、甜橙精油。

怎么做：

取出部分皂液，再额外加入少量的棕榈果油，搅拌后调成黄色皂液；再从黄色皂液中取出小部分，加入蓝色色料数滴，调合成浅绿色；最后将黄色皂液加入珠光粉，得到一黄含白加一绿两种皂液，入模即可做出三色渲染；至于倒法和画法，则都使用随意法。

"没有了光，世界是黑暗的；有了光，我们才能看见。"

我们只要一张开眼睛，触目所及，皆是多彩多姿的彩色世界！为什么我们能欣赏到四季中翠嫩的春色、浓绿的艳夏、枫红的秋景、银白的寒冬？而当我们闭上眼睛，只能感受到一片漆黑？因为阳光中蕴含着数种不同波长的"可视光"，照耀在周遭的景物上，所以我们才能欣赏到美丽多彩的世界，这个"可视光"我们称为"色光"。

颜色运用渲染法

那什么又是"色料"？就像蜡笔、水彩等颜料，可以自行调配自己所要的颜色，我们称为"色料"。就像画画一样，喜欢什么颜色就调什么颜色，或直接使用也 OK 啦！

做皂也是一样的道理，可以用色料或花粉类调出我们所要的颜色。不过，在做皂的过程中，不可预期的因素较多，所以大多以天然的各色植物原色磨成粉状，或用矿泥的多种颜色来添加使用，都是非常方便的。只要原则不变，都可以得到很好的效果。

以下的整理，是方便您在做皂时，不会为了颜色而伤脑筋，也是我这个懒人的颜色基本法则。

对 比

在皂的颜色搭配选择上，利用色彩的差异性来强化并加以突显，可以让主题更明显；相反的，对比越小即可以达到协调的感觉。

举例来说，我们可以用黑／白、黑／黄等一深一浅的强烈对比来表现，不论是白底黑线条或深底浅线条，都可以让线条从底色中跳出来，这样的感觉，就好比烟火总是在晚上施放才漂亮一样，没有人规定不能在白天放，只是效果肯定没有在晚上放来得好。

协 调

协调的效果除了上述减少对比差异性外，另一个方法就是选择同一色系或调性，例如：黄／橘、橘／红这种同为暖色调的色材，甚至咖啡色从深咖啡色到浅褐色，其深浅也有相当多素材可以选择，不过要注意别同时选太多种，否则协调走调，主题就会变得凌乱。

渐层就是协调的另一种表现，可以利用同一素材加入量的多寡来呈现，因着量的变化来影响皂的成色，进而达到深浅渐层的效果（见曲线分层效果的"爱的叮咛"）。也可以选用颜色相近的素材来做，只是如此做法得多试多记录，才能抓得准该素材的入皂成色。

主 题

主题指的是当你设计一款皂时，在颜色上要有个重点，让它突显出来。就以渲染来说，或许等到你技巧纯熟后想挑战三色渲染，或四色、五色，或做成七彩彩虹以证明你的实力都无妨，但如果主题偏移，结果就只有杂乱而已，在让人赞叹你手工精巧之余，皂其实已不成皂形，所以掌握主题这个原则，就能让你在做皂配色上知所取舍。

另外，同一款皂要做可爱造型又要有渲染，或是渲染后再加花草加皂块的，在技术上是没有问题的，但建议还是让它们分开吧，因为这就像鲜少有人出门会先挂了项链、耳环，再戴上手环、十指戒指，最后还加上皇冠一样。

鲜明、独特、单一，才能让主题突显。

天长地久

天长地久是热恋中的情人最美的承诺，也是最终的渴望，所以我试着用两种颜色来表现类似的感觉，也顺便利用白色的底色，加上黑色和黄色的对比，来说明对比的举例。

皂配方：

有机 extra virgin 橄榄油 40％、棕榈油 30％、椰子油 30％；
SF: 荷荷巴油；备长炭粉、酒粕；尤加利、茶树、薰衣草精油。

怎么做：

看似简单的双色渲染，其实做法有点不简单，主要原因是那黄色是由另一锅相同配方，只将棕榈油换成红棕榈油而来的，就是同时做两款皂而且 Trace 速度要相同的意思，这时你就需要有帮手才能完成。

首先将这锅白色皂液取出部分，加入备长炭粉调成黑色，再从另一锅取部分黄色来做成双色渲染，使用随意倒法和画法。

珍重再见

想反过来利用深色的底色，加上亮色的对比，来说明先前的举例。

皂配方：

有机 extra virgin 橄榄油（浸泡紫草）30%、棕榈油 20%、椰子油 20%、澳洲胡桃油 20%、榛果油 10%；SF：月见草油；珍珠粉。

怎么做：

配方中选用浸泡紫草的橄榄油，因着比例的不同而有深浅的差别，这皂身颜色是以 30% 的比例让底色呈现深葡萄色，再以白色的粉当渲染线条。渲染方式使用倒法 2 和画法 8 的逆向而成。

你是唯一

这就是和"天长地久"一起做的另一锅皂，为了制作那款皂而同时做的黄色皂，等于是附属产物，但咱们不愿看它是附属的就随便给他一整个黄让它旁边凉快去，同样要用心对待，好好设计下让它也美美的，所以选用同为暖色调的色材来装饰它。因为对我来说，每一款、每一块皂，都是那么的独特且唯一。

皂配方：

有机 extra virgin 橄榄油 40％、红棕榈油 30％、椰子油 30％；SF：荷荷巴油、维他命 E；珠光粉、红麴粉；尤加利、茶树、薰衣草精油。

怎么做：

因为使用红棕榈油，所以底色呈现黄色，取部分黄色皂液出来调红麴粉，再从"天长地久"那一锅取一点白色皂液来调珠光粉做双色渲染，让成皂呈现黄底加红白线条的效果，渲染方法一样使用随意倒法和画法。

妈妈爱你 1
橄榄母乳马赛皂

这是为了新生儿子小翰所做的皂，里面有着妈妈的爱——母乳。这让我想起 2008 年的母亲节刚过，四川省发生大地震，从新闻中看到好几则母亲为了孩子牺牲的报导，其中最让人感动的是有个婴儿吸吮着已经罹难的妈妈的母乳，妈妈牺牲了自己保护孩子，还让孩子能撑到被救出，可见母爱之伟大，也让人为之鼻酸。

皂配方：

有机 extra virgin 橄榄油 72%、红棕榈油 10%、椰子油 18%；SF：母乳（取代水）；艾草粉；不加精油。

怎么做：

配方即是 72% 橄榄油的马赛皂，皂身因为加了母乳而呈现褐色，取部分的皂液加入艾草粉调色，使两者颜色有差异但不会相差太多，借此说明协调的配色举例，渲染使用倒法 6 和画法 2 的做法。

乔叔碎碎念

母乳皂的好，用过的人都知道，制作方法也不难，仅是将母乳取代原先做皂要加的水量，其他操作方法皆相同。只是利用母乳做皂常常一看就知道，因为皂身像极了森永牛奶糖的颜色。有没有方法可以让它不要那么明显呢？且看以下三款母乳皂的做法就知道。

母乳是上天给小宝贝最好的礼物，融入皂中也是另一种温柔的呵护。提到母乳皂，曾接受多位妈妈的委托代制母乳皂，每次在帮她们做母乳皂时，都会觉得妈妈真伟大，尤其是职业妇女更为辛苦。想想她们每天要带着哺乳工具上下班，要抽空收集，还要冒着在绩效考核时被老板圈起来做记号的风险，费时费工才能集乳成袋来喂宝宝或做成母乳皂，真可说是"谁知袋中乳，滴滴皆辛苦"。正因为如此，我在做母乳皂时可是一滴都不敢浪费，而本来只要做1000g油量的皂，曾经因为拿到的母乳量多有超过，就把油量加到足够的范围，像是1400至1500g左右，使得皂量从12块增加到15~16块，多做的皂也不多收费，就算是给这些辛苦的妈妈们一点点的回馈。

妈妈爱你2
甘之如饴

母乳的好处，近年来在各方大力提倡下，越来越被新生妈妈所接受。然而，要定时哺乳和收集珍贵的母乳却不是件轻松的事，但即使再怎么辛苦，妈妈们为了小宝贝，却也都是甘之如饴。

皂配方：

有机 extra virgin 橄榄油50%、棕榈油20%（其中10%以红棕榈油取代）、椰子油20%、乳油木果脂5%、甜杏仁油5%、母乳取代水；SF：荷荷巴油；珠光粉；罗马洋甘菊、薰衣草精油。

怎么做：

使用红棕榈油，是要掩饰母乳皂皂身那酷似牛奶糖的颜色。不过，原本加了10%的红棕榈油，颜色应该不会这么深黄，是因为遇上了母乳，两色相乘之下才有加深的效果，之后再利用白色的粉在上面做渲染画过，是不是已经看不太出来有牛奶糖的颜色了呢？

此款皂没有添加红棕榈油

妈妈爱你 3

真情流露

当皂本身除去所有的花样变化，还原到最单纯的样子时，也就是在成皂后用最原始、最真实的颜色来呈现质感。当然，此时油的品质就显得重要，因此我始终相信品质好的油，成皂颜色也不会太差，所以帮这些妈妈们代制母乳皂时，坚持和自用相同的理念，那就是"自己用的，用好一点"，这好比妈妈对于孩子，也是凡事都不吝惜给予他们最好的，是一样的道理。

皂配方：

有机 extra virgin 橄榄油 72％、红棕榈油 10％、椰子油 18％、母乳取代水；SF：琉璃苣油；珍珠粉；不加精油。（马赛皂配方）

怎么做：

假如你真的不太喜欢牛奶糖的颜色，那么请选一天好天气，并试着将做皂的温度降低，母乳不退冰直接融碱操作，入模后要注意保温。若以上条件都搭配得恰到好处，那么皂身的颜色就会越偏乳白色，如此纵使你不做任何的效果，质感也是出得来的。

妈妈爱你 4
含辛茹苦

谁知袋中乳，滴滴皆辛苦。我想一般人是无法体会的，而哺乳的妈妈们一定是点头如捣蒜的。

皂配方：

有机 extra virgin 橄榄油 50％、苦茶油 20％、甜杏仁油 15％、椰子油 15％；SF：乳油木果脂；母乳取代水；快乐鼠尾草、薰衣草精油。

怎么做：

即使母乳皂皂身怎么样都容易变成牛奶糖的颜色，我们还是可以利用艾草粉做分层，以褐色系的深浅，来达到上下两色协调的效果。

浴见幸福

每一天工作结束，带着疲惫的身躯进入浴室与自己赤裸裸相见，淋水准备沐浴时，随手拿起一块肥皂，在身上涂抹洗刷，把烦恼、疲劳、郁闷、不愉快和倒霉运统统洗掉，可说是一天当中最幸福的事。尤其是自从接触手工皂之后，那块肥皂还是自己亲手做的，想到这里，幸福再加一倍。

皂配方：

有机 extra virgin 橄榄油 26.7%、棕榈油 26.7%、椰子油 26.7%、澳洲胡桃油 10%、甜杏仁油 10%；SF：月见草油、辣椒粉、红麴粉；快乐鼠尾草、薰衣草、迷迭香、葡萄柚、玫瑰天竺葵精油。

怎么做：

选用传说有瘦身效果的辣椒粉来做，不过自知对于一个被女儿叫胖子的我来说没效，所以取用它主要是要它的颜色，用来表达幸福的感觉。

谈情说爱

端午节前夕是艾草盛产的季节，做皂人也总是喜欢做些艾草皂来应景。不过，喜欢搞怪的我，就一定要搞个怪才甘心。因此，这款皂除了艾草之外，再来个檀香粉，取其谐音就成了这款"谈情说爱"，让檀香和艾草两个好好地谈情说爱、浪漫一下。

皂配方：

有机 extra virgin 橄榄油 40％、棕榈油 25％、椰子油 25％、澳洲胡桃油 5％、米糠油 5%；SF: 荷荷巴油；檀香粉、艾草粉。

怎么做：

使用两种粉来做调色时，在时间上会比较紧迫，必要时可以提早将皂液分出来和粉搅拌调和；或者请另一人帮忙，其倒法和单色渲染一样，只不过在此是倒两次而已，搅画方式使用画法先 2 后 5 混合法。

卡布奇诺

既然前面介绍造型皂时，连珍珠奶茶都做了，那么怎么可以把咖啡给忘了呢？所以最后就来煮杯咖啡。不过，这杯没有加糖，喝的时候请酌量添加。

皂配方：

有机 extra virgin 橄榄油 36.2％、棕榈油 21.6％、椰子油 21.6％、澳洲胡桃油 10.3％、甜杏仁油 10.3％；SF：荷荷巴油；茜草根粉。

怎么做：

渲染方式使用类似咖啡拉花的方式制作，虽然不会煮咖啡，也没玩过拉花，但通过想象和有样学样，就来尝试看看，谁叫咱们爱搞怪呢？如果泡得不好、拉得不美的话，麻烦请将就点吧。

乔叔的叮咛

懒人做皂

做皂是件快乐的事，因为懒，所以选择做渲染皂，我常常说："做皂是做兴趣、搞怪又搞创意、出来是交朋友、教学像做公益。"

也有人常问我："渲染皂很难耶，你怎么会说渲染皂是最简单的？"听起来好像我很臭屁，其实我真的很懒、又爱如行云流水般的线条，觉得自然的线条令人心神愉悦，就只是这样而已。

出书其实也不在我的人生规划之内，既然有幸能出书，当然竭尽所能地将我所知道的告诉大家。所以你们会发现，几乎每个单元都有"乔叔碎碎念"的提醒，最后，我还是要不断地提醒大家可能会发生的事情，所以请大家体谅我的唠叨哦！

"工具是死的，人是活的"

一般来说，拿来做渲染的不是液体类就是粉类，借此表现出晕染和线条。那除此之外，还有没有其他的选择呢？答案是有的，请看这款皂。

它是以新鲜艾草干燥切碎后，利用花草入皂方法的入法直接丢入皂液中，只不过它是利用渲染的做法而非搅匀的方式做成，如此，艾草并不会平均的分布在皂里，这也算是渲染的另类玩法。

艾草花粉入皂！

丁香粉入皂！

渲染是不是一定要有倒法和画法呢？那可不一定！来看看右边这款皂的渲染：它是在社区大学上课时做的，只将调色皂液倒入后，就入箱保温，然后连箱带模的上了车，跟着车子摇啊摇的晃回家，不料在一个十字路口为了抢黄灯，转弯时的离心力大了点，隔天打开箱子发现只剩一半皂液在模内，就成了这款特殊纹路的渲染，所以也算是非常特殊的案例。

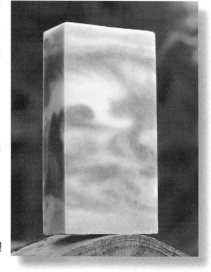

小朋友不要学，叔叔是有练过的！

常有人问说，渲染是不是一定得用特定的模或用特定的工具搅画，才做得出来？就像本书中提及的四种模具和刮刀。那么，用土司模和筷子行不行呢？

答案是可以的！请看看下面这款皂，就是使用土司模，拿筷子利用类似倒法4的路线画出来的。所以我常说，工具是死的，人是活的，不要被工具局限住你的想法和做法，运用巧思多方尝试，做皂真的是件快乐的事。

乔叔碎碎念

不过，请千万别再去拿菜刀和螺丝起子来试，拜托。

常见的问题 每次在上渲染课时，发现除了发问率第一的双色渲染做法外，就属以下的这两个问题，是大家最常发问的——

一、皂液加速 trace 以致错过渲染的时机。

二、只有皂的表面有线条。

就像这块还没切开的皂，漂亮的渲染纹路只有在上层表面 1CM 内，直切会破坏线条，横切则下层是全白的。

那有没有补救方法呢？答案是有的。

第一个问题的预防方法，就是少用会加速 trace 的精油或香精。

如果已经发生了，可依以下两种情况来做变通：

1. 调色后的皂液已经倒下去，却只浮在表面上而没有沉下去时，就使用刮刀翻搅，手法类似炒菜的做法，又有点像用挖的，主要目的，就是要把浮在表面上的有色皂液压到底部去，再同时把底部的皂液翻上来，不过既然是补救方法，线条就顾不了这么多了，只能尽人事听天命，尽量做到翻搅的动作就好，有时也会有意想不到的好效果哦！

2. 当发现皂液 over trace 时，而皂液还没倒入模之前，那就采用分批倒入的方式，先倒一部分皂液入模（约皂液铺满模底），再倒一点调色皂液，再重覆同样顺序，反覆至倒完为止，再来搅画。

解决了第一个问题，就没有第二个问题了。

假如你把调色皂液调好后，发现皂液已经 over trace 到几乎无法入模的情况时，建议你就舍弃做渲染的打算，直接改成曲线分层，或许还会有不错的效果。要预防这种情况发生，除了加快调色时间外，就是一边调色，一边注意皂液的状况，或请人帮忙。

皂的保存 制作完成的皂在脱模切块之后，静置在阴凉、干燥、通风之处等待熟成，在这段保存期间，需注意皂本身的变化是否有变质、变形、酸败等情形发生。所谓阴凉，就是置于通风良好的地方自然晾干，千万别让皂去晒太阳；至于干燥，台湾属于海岛型气候，几乎都得准备除湿机才能符合干燥的条件；而通风就是别把皂包装得让它密不通风。

随着保存时间的增加，尤其是过了熟成期之后，会发现皂的重量体积会有些微减重瘦身的情况，此乃皂中水分沥干之正常现象。另外，皂的颜色因加入不同的材料，部分颜色也会随着水分沥干而有变淡的趋势。

手工皂的保存期限在没有加入防腐剂、抗菌剂的情况下，通常设定在一年，不过这得看皂的配方、加入的东西以及存放环境而定。在我习惯把部分皂款留下几块来做长期观察和耐用度测试下发现，有的皂撑过一年后仍然像是一尾活龙一样好端端的，而且入水后洗感更温和、好起泡且耐用。当然，也有撑不过熟成期就夭折挂点上天堂的。

手工皂到底怎么用

在此讲皂的使用，感觉蛮特别的，或许是现代人被沐浴乳、洗发乳、洗面乳、洗碗精等软质液体类的清洁用品给宠惯了，总觉得那比较方便，但想想古时候根本没有这些产品，那时的人不也是这样用肥皂来清洗吗？所以，只是使用习惯的改变而已，再次习惯肥皂就行了。

以自己为例，当初也有用皂不习惯的感觉，但自从开始做皂后渐渐改成用皂，一段时间之后，某天在公司拆解电脑后去洗手，用了厕所里的洗手乳，怪了，从小到大就不曾觉得洗手乳有异样，可那天就觉得洗完后的指缝特别涩。从此之后，家里的液体类清洁用品一个个被我请进冷宫，甚至强迫它们离家出走不再联络。

为了让大家可以再次习惯用皂，特地提供一些皂的使用方法及注意事项：

1. 手工皂沾湿后再涂抹，勿与大量水同时使用

特别是 INS 值较低，也就是偏软的皂，切勿一边淋水一边搓洗，先将清洗部位和皂用水淋湿，再拿皂涂抹，持续搓揉后才会产生泡泡。记得花点时间感受一下手工皂绵密的泡泡，以及冲水后泡泡快速不残留的清洁洗净感，你会很快就爱上它的。

2. 加辅助工具

辅助工具如洗碗的菜瓜布，洗澡的沐浴网，都能让皂加速起泡进而节省皂，延长使用寿命。

3. 干燥

下水用过的皂尽量让它保持干燥，使用不
会积水的皂盘，并置于不会淋到水的地方
风干，必要时可以多准备几块皂轮流着用，
让每个皂有更多的时间可以干燥，同时每
天可以依心情挑选不同洗感的皂，也是乐
事一件，只是别放太多皂以免占用太多空
间及花太多时间挑皂入浴。

刚开始使用的皂，或许还可以直立放着，
如此有较多的机会可以晾干，但用了一半以后
的皂可能就站不起来了，所以利用点小东西帮
助它站立，以争取更多的晾干空间，免得常常
躺在皂盘里，底部总是湿湿黏黏的。至于
那小东西是什么呢，那就是橡皮筋，可以
像下图这样，让皂可以靠着它站着而不
是躺着，当然橡皮筋也可以依各人需求
喜好多绑几条，至于怎么绑请自行研究，
毕竟本书的主角是手工皂不是橡皮筋。

乔叔碎碎念

如果你是疯狂打皂的人，家里皂
的库存量多到用不完，那你可以
像我女儿一样，拿着手工皂来洗
浴室的地板或让它在浴缸里游泳，
不用理会上述的建议。

创意才是王道 做皂和料理一样，都是重视色香味俱全，尽管是相同的材料，但通过不同的做法，会有千变万化的惊喜！

做皂和摄影一样，器材只是辅助，作者的想法和眼界，才是作品的灵魂！

做皂和装扮一样，过多的装饰容易让焦点模糊。主题不鲜明、不恰当的搭配，不如让它省略！

做皂和开车一样，急不得。就算赶时间，也是该停就停，该等就等！

因此，希望通过本书，能让读者对手工皂有更透彻的认识，及对制作方法有更不一样的想法，借以启发潜藏在每个人身体里面的创意因子及美学灵感，有如被点燃般爆发出来，经由学习与练习，加点新意、用点心意再来点创意和不经意，便可随时创造出更具巧思且独特的作品，最终都能灵活运用，而非照本宣科。所以，现在请您把书合起来，去做皂吧！

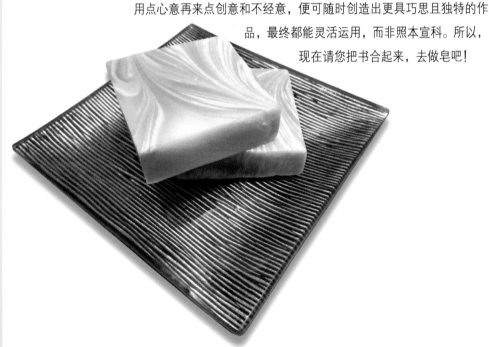

附录 做皂记录表

名　称		搅拌时间	
设计主题		皂液温度	
制皂日期		室温 / 天气	

配方及添加物

	油品	油量(g)	皂化价	碱	油比例 %	硬度值	INS 值
配方油							
	小计：		------		100%		
超脂							
					水量：		
	小计：						
精油					其他添加物：		
					其他记录事项：		
	小计：						

搞怪工程师教你做美美天然好皂

跟着乔叔
做渲染皂

图书在版编目（CIP）数据

跟着乔叔做渲染皂 / 乔叔著. -- 北京：华夏出版
社, 2013.4（2015.3 重印）

ISBN 978-7-5080-7357-6

Ⅰ.①跟… Ⅱ.①乔… Ⅲ.①肥皂 - 制作
Ⅳ.TQ648.63

中国版本图书馆CIP数据核字(2012)第300840号

跟着乔叔做渲染皂

（台湾）乔叔 / 著 再见咖啡/摄影

责任编辑 / 尾尾鱼

美术设计 / Grace

出版发行 / 华夏出版社 北京市东直门外香河园北里4号

邮编 / 100028

经销 / 新华书店

印刷 / 北京华宇信诺印刷有限公司

装订 / 三河市少明印务有限公司

版次 /2013 年 4 月北京第 1 版

　　　2015 年 3 月北京第 2 次印刷

开本 / 787×1092 1/16

字数 / 188千字

印张 / 8.75

定价 / 49.80元

本著作通过四川一览文化传播广告有限公司代理，由红印文化授
权出版中文简体字版。